U0163466

武汉大学创新创业教育系列规划教材

竞赛机器人设计与制作

王伟　王国顺　编著

WUHAN UNIVERSITY PRESS
武汉大学出版社

图书在版编目(CIP)数据

竞赛机器人设计与制作/王伟,王国顺编著.—武汉:武汉大学出版社,
2022.11
武汉大学创新创业教育系列规划教材
ISBN 978-7-307-21228-2

Ⅰ.竞…　Ⅱ.①王…　②王…　Ⅲ.①机器人—设计—高等学校—教材
②机器人—制作—高等学校—教材　Ⅳ.TP242

中国版本图书馆 CIP 数据核字(2022)第 202409 号

责任编辑:谢文涛　　　责任校对:汪欣怡　　　版式设计:马　佳

出版发行:**武汉大学出版社**　　(430072　武昌　珞珈山)
　　　　(电子邮箱:cbs22@whu.edu.cn 网址:www.wdp.com.cn)
印刷:武汉中科兴业印务有限公司
开本:787×1092　1/16　印张:12.25　字数:288 千字　　插页:1
版次:2022 年 11 月第 1 版　　2022 年 11 月第 1 次印刷
ISBN 978-7-307-21228-2　　定价:48.00 元

前　　言

机器人竞赛推进了技术发展，促进了创新人才的培养，越来越多高校学生投入到机器人竞赛中去。本书从机器人竞赛的角度讲述机器人设计与制作，主要目标是为开设了机器人竞赛相关课程的高校提供教材或参考书籍，为参赛学生自学提供参考资料。本书仅介绍机器人技术的基础理论与技术，如果读者感到不足，可根据实际需要参考各自感兴趣的实例。

本书内容分为以下六章：

（1）第一章为机器人概述。从机器人的定义、机器人的发展及未来、机器人的分类等方面，对竞赛机器人进行了介绍。

（2）第二章介绍机器人的基础知识。首先讲述机器人的组成、机器人的技术参数；接着讲述了机器人坐标变化和定位；随后讲述了机器人的移动机构，主要包括车轮型、履带式、腿足式以及其他形式的移动机构；最后再详细讲述了机器人常见传动原理及传动机构，包括丝杠传动、带传动与链传动、齿轮传动、谐波传动、连杆与凸轮传动。

（3）第三章介绍传感器的基础知识。首先，介绍了传感器的定义、分类；接着讲述了机器人对传感器的基本性能要求和工作任务要求；其次，介绍了内部传感器，主要讲述了位置(位移)传感器、速度和加速度传感器、力觉传感器、光纤传感器；最后，介绍了外部传感器，主要讲述了触觉传感器、应力传感器、声觉传感器、温度传感器、距离传感器等8种传感器。

（4）第四章介绍机器人主要结构设计。首先，介绍机器人常见骨骼材料及选择依据；其次讲述了机器人底盘结构的特点、设计以及制作的主要方法；再次介绍机器人机械臂的设计，从设计要求、设计流程、机构原理、结构分析等四个方面进行了讲述；然后介绍机器人手腕机构的设计，包括设计流程、机构原理、结构分析等三个方面；最后从设计流程、原理、结构分析三个方面讲述了机器人手部结构的设计。

（5）第五章介绍机器人控制系统设计。第一部分介绍了机器人控制系统的组成、功能及其关键技术；第二部分介绍了控制基础理论；第三部分讲述了控制器设计，主要从典型控制器的软件实现、离散状态空间系统、离散状态反馈控制器三个方面进行讲解；第四部分讲述机械手PID控制，包括独立的PD控制、基于重力补偿的PD控制；第五部分讲述机械手神经网络自适应控制，分别介绍了一种简单的RBF网络自适应滑模控制、一种简单的RBF网络自适应滑模控制。

（6）第六章介绍了典型竞赛机器人设计实例。通过平衡杆机器人、爬壁机器人和扫地机器人三个实例进行讲述。

　　本书内容涵盖面较多，教师可根据教学计划的学时斟酌选择。有些内容可作为学生的自学资料，以扩大其知识面。

　　本书由王伟、王国顺编著，主要编写人曾辉，其他参加本书编写工作的还有张争、肖华、戴锦春、翁晓红、张志强、石端伟、华中平、李宗军、谢红等。

　　由于编著者的实际经验和水平的限制，本书定会有疏漏或不妥之处，敬请读者不吝指正。

编著者

2019 年 7 月

目　　录

第1章　机器人概述

1.1　机器人的定义

机器人(Robot)是自动执行工作的机器装置。它既可以接受人类指挥，又可以运行预先编排的程序，也可以根据以人工智能技术制定的原则纲领行动。它的任务是协助或取代人类的工作，如生产业、建筑业，或是危险的工作。有些人认为，最高级的机器人要做得和人一模一样，其实非也。实际上，机器人是利用机械传动、现代微电子技术组合而成的一种能模仿人类某种技能的机械电子设备，是在电子、机械及信息技术的基础上发展而来的。然而，机器人的样子不一定必须像人，只要具有一些人类的技能或独立完成有一定危险性的工作，就属于机器人大家族的成员。机器人技术是综合了计算机、控制论、机构学、信息和传感技术、人工智能、仿生学等多学科而形成的高新技术，是当代研究十分活跃，应用日益广泛的领域。机器人应用水平，是一个国家工业自动化水平的重要标志。机器人并不是在简单意义上代替人工的劳动，而是综合了人的特长和机器特长的一种拟人的电子机械装置，既有人对环境状态的快速反应和分析判断能力，又有机器可长时间持续工作、精确度高、抗恶劣环境的能力，从某种意义上讲它也是机器进化过程的产物，它是工业以及非产业界的重要生产和服务性设备，也是先进制造技术领域不可缺少的自动化设备。

工业自动化水平的进步，推动了机器人的迅速发展，机器人逐渐替代人类完成了人类不愿甚至无法完成的工作：

(1)机器人可以干人不愿意干的事(如在有毒的、有害的、高温的或危险的环境工作)。

(2)机器人可以干人不好干的活(比方说在汽车生产线上我们看到工人天天拿着一百多公斤的焊钳，一天焊几千个点，从事重复性的劳动，一方面他很累，但是产品的质量仍然很低)。

(3)机器人可以干人干不了的活(例如，人们在认识太空的过程中，人上不去的时候，让机器人上天、上月球；进入人体，以及在微观环境下，对原子分子进行搬迁)。

机器人是高级整合控制论、机械电子、计算机、材料和仿生学的产物，在工业、医学、农业、建筑业甚至军事领域中均有重要的应用。机器人学是一门不断发展的科学，20世纪60年代，可实用机械机器人被称为工业机器人；从20世纪80年代到现在，正越来越向智能化方向发展。因此，对机器人的定义也随其发展而变化。国际上对机器人的定义很多，主要有以下几种：

（1）The Webster dictionary（Webster，1993）："An automatic device that performs functions normally ascribed to humans or a machine in the form of a human." 一个自动化设备，它能执行通常由人执行的任务；或一个人形的机器。

（2）美国机器人学会（The Robot Institute of America，1979）："A reprogrammable, multifunctional manipulator designed to move materials, parts, tools, or specialized devices through various programmed motions for the performance of a variety of tasks." 一个可再编程的多功能操作器，用来移动材料、零部件、工具等；或一个通过编程用于完成各种任务的专用设备。

（3）ISO（1987）：工业机器人是一种具有自动控制的操作和移动功能，能完成各种作业的可编程操作机。

从完整的、更为深远的机器人定义来看，应该更强调机器人智能，因此，机器人的定义是能够感知环境，能够学习，具有情感和对外界进行逻辑判断思维的机器。

国际上对机器人的概念，随着机器人技术的不断进步，已逐渐趋于统一，一般的理解为：机器人是具有一些类似人的功能的机械电子装置或者叫自动化装置，它是个机器。联合国标准化组织给机器人下的定义是："一种可编程、多功能的操作机；或是为了执行不同的任务而具有可用电脑改变和可编程动作的专门系统。"我国科学家对机器人的定义是：机器人是一种自动化的机器，这种机器具备一些与人或生物相似的智能能力，如感知能力、规划能力、动作能力和协同能力，是一种具有高度灵活性的自动化机器。

目前在对机器人行为的描述中，以科幻小说家以撒·艾西莫夫在小说《我，机器人》中所订立的"机器人三定律"最为著名。艾西莫夫为机器人提出的三条"定律"（Law），程序上规定所有机器人必须遵守：

(1)机器人不得伤害人类，且确保人类不受伤害；

(2)在不违背第一法则的前提下，机器人必须服从人类的命令；

(3)在不违背第一及第二法则的前提下，机器人必须保护自己。

"机器人三定律"的目的是为了保护人类不受伤害，但艾西莫夫在小说中也探讨了在不违反三定律的前提下伤害人类的可能性，甚至在小说中不断地挑战这三条定律，在看起来完美的定律中找到许多漏洞。在现实中，"三定律"成为机械伦理学的基础，目前的机械制造业都遵循这三条定律。

机器人通常具备如下特点：

(1)有类人的功能。例如，作业功能；感知功能；行走功能；能完成各种动作。

(2)根据人的编程能自动的工作。通过编程改变它的工作、动作、工作的对象和工作的一些要求。

(3)是人造的机器或机械电子装置，仍然是个机器。

机器人技术是集机械学、力学、电子学、生物学、控制论、人工智能、系统工程等多种学科于一体的综合性很强的新技术。

1.2 机器人的发展及未来

1.2.1 机器人的发展历史

机器人的起源要追溯到 3000 多年前。"机器人"是存在于多种语言和文字中的新造词，它体现了人类长期以来的一种愿望，即创造出一种像人一样的机器或人造人，以便能够代替人去进行各种工作。

直到四十多年前，"机器人"才作为专业术语加以引用，然而机器人的概念在人类的想象中却已存在三千多年了。早在我国西周时代（前 1066—前 771），就流传着有关巧匠偃师献给周穆王一个艺妓（歌舞机器人）的故事。

春秋时代（前 770—前 467）后期，被称为木匠祖师爷的鲁班，利用竹子和木料制造出一个木鸟，它能在空中飞行，"三日不下"，这件事在古书《墨经》中有所记载，这可称得上世界第一个空中机器人。

东汉时期（25—220），我国大科学家张衡，不仅发明了震惊世界的"候风地动仪"，还发明了测量路程用的"计里鼓车"，车上装有木人、鼓和钟，每走 1 里，击鼓 1 次，每走 10 里，击钟一次，奇妙无比。

三国时期的蜀汉（221—263），丞相诸葛亮既是一位军事家，又是一位发明家。他成功地创造出"木牛流马"，可以运送军用物资，可称为最早的陆地军用机器人。

在国外，也有一些国家较早进行机器人的研制。公元前 3 世纪，古希腊发明家代达罗斯用青铜为克里特岛国王迈诺斯塑造了一个守卫宝岛的青铜卫士塔罗斯。

在公元前 2 世纪出版的书籍中，描写过一个具有类似机器人角色的机械化剧院，这些角色能够在宫廷仪式上进行舞蹈和列队表演。

公元前 2 世纪，古希腊人发明了一个机器人，它是用水、空气和蒸汽压力作为动力，能够动作，自己会开门，可以借助蒸汽唱歌。

1662 年，日本人竹田近江，利用钟表技术发明了能进行表演的自动机器玩偶；到了 18 世纪，日本人若井源大卫门和源信，对该玩偶进行了改进，制造出了端茶玩偶，该玩偶双手端着茶盘，当将茶杯放到茶盘上后，它就会走向客人将茶送上，客人取茶杯时，它会自动停止走动，待客人喝完茶将茶杯放回茶盘之后，它就会转回原来的地方，煞是可爱。

法国的天才技师杰克·戴·瓦克逊，于 1738 年发明了一只机器鸭，它会游泳、喝水、吃东西和排泄，还会嘎嘎叫。

瑞士钟表名匠德罗斯父子三人于 1768—1774 年期间，设计制造出三个像真人一样大小的机器人——写字偶人、绘图偶人和弹风琴偶人。它们是由凸轮控制和弹簧驱动的自动机器，至今还作为国宝保存在瑞士纳切特尔市艺术和历史博物馆内。

同时，还有德国梅林制造的巨型泥塑偶人"巨龙哥雷姆"，日本物理学家细川半藏设计的各种自动机械图形，法国杰夸特设计的机械式可编程织造机等。

1770 年，美国科学家发明了一种报时鸟，一到整点，这种鸟的翅膀、头和喙便开始运动，同时发出叫声，他的主弹簧驱动齿轮转动，使活塞压缩空气而发出叫声，同时齿轮转动时带动凸轮转动，从而驱动翅膀、头运动。

1893 年，加拿大摩尔设计的能行走的机器人"安德罗丁"，是以蒸汽为动力的。这些机器人工艺珍品，标志着人类在机器人从梦想到现实这一漫长道路上前进了一大步。

1.2.2 机器人发展现状

1.2.2.1 国外机器人发展现状

国外机器人领域发展近几年有如下趋势：

(1)工业机器人性能不断提高(高速度、高精度、高可靠性、便于操作和维修)，而单机价格不断下降，平均单机价格从 1991 年的 10.3 万美元降至 1997 年的 6.5 万美元。

(2)机械结构向模块化、可重构化发展。例如，关节模块中的伺服电机、减速机、检测系统三位一体化；由关节模块、连杆模块用重组方式构造机器人整机；国外已有模块化装配机器人产品问世。

(3)工业机器人控制系统向基于 PC 机的开放型控制器方向发展，便于标准化、网络化；器件集成度提高，控制柜日见小巧，且采用模块化结构；大大提高了系统的可靠性、易操作性和可维修性。

(4)机器人中的传感器作用日益重要，除采用传统的位置、速度、加速度等传感器外，装配、焊接机器人还应用了视觉、力觉等传感器，而遥控机器人则采用视觉、声觉、力觉、触觉等多传感器的融合技术来进行环境建模及决策控制；多传感器融合配置技术在产品化系统中已有成熟应用。

(5)虚拟现实技术在机器人中的作用已从仿真、预演发展到用于过程控制，如使遥控机器人操作者产生置身于远端作业环境中的感觉来操纵机器人。

(6)当代遥控机器人系统的发展特点不是追求全自治系统，而是致力于操作者与机器人的人机交互控制，即遥控加局部自主系统构成完整的监控遥控操作系统，使智能机器人走出实验室进入实用化阶段。美国发射到火星上的"索杰纳"机器人就是这种系统成功应用的最著名实例。

(7)机器人化机械开始兴起。从 1994 年美国开发出"虚拟轴机床"以来，这种新型装置已成为国际研究的热点之一。我国的工业机器人从 20 世纪 80 年代"七五"科技攻关开始起步，在国家的支持下，通过"七五""八五"科技攻关，目前已基本掌握了机器人操作机的设计制造技术、控制系统硬件和软件设计技术、运动学和轨迹规划技术，生产了部分机器人关键元器件，开发出喷漆、弧焊、点焊、装配、搬运等机器人；其中有 130 多台套喷漆机器人在二十余家企业的近 30 条自动喷漆生产线(站)上获得规模应用，弧焊机器人已应用在汽车制造厂的焊装线上。但总的来看，我国的工业机器人技术及其工程应用的水平和国外比还有一定的距离，如可靠性低于国外产品；机器人应用工程起步较晚，应用领域窄，生产线系统技术与国外比有差距；在应用规模上，2017—2018上半年我国国产机器人出货量达到6万台，但占全球比例依然很小。以上原因主要是没有形成机器人产业，当前我国的机器人生产都是应用户的要求，"一客户，一次重新设计"，品种规格多、批量小、零部件通用化程度低、供货周期长、成本也不低，而且质量、可靠性不稳定。因此迫切需要解决产业化前期的关键技术，对产品进行全面规划，搞好系列化、通用化、模化设计，积极推进产业化进程。

由美国武器合约商波士顿动力公司(Boston Dynamics)研发的一套科技含量非常高的装置——"大狗"(Big Dog)运输机器人(图1-1)。它高约1m，重75kg采用汽油发动机驱动。有四只强有力的腿，每条腿有三个靠传动装置提供动力的关节，并有一个"弹性"关节。这些关节由一个机载计算机处理器控制。它体内装有维持机身平衡的回转仪，内力传感器等，可探测到地势变化，根据情况做出调整。它的最高负载量可达340磅，以每小时4英里的速度行走，而且可在丘陵地形上攀登前行，全靠本身的立体视觉系统或远程遥控器确认路径。即使是挨上重重的一脚，它也能马上恢复。在光滑的冰上行走时它数次几乎摔倒，但最终都保持住了平衡状态。具有应付不同地形的能力，使它能沿着陡峭的山坡爬上去爬下来，在多石、泥泞和雪地上行走。在一段视频里它展示了超强跳跃能力，可以跳跃差不多1m宽的距离。

图1-1 美国"大狗"机器人

1.2.2.2 国内机器人发展现状

我国在某些关键技术上有所突破，但还缺乏针对整体核心技术的突破，具有中国知识产权的工业机器人则很少。目前我国机器人技术相当于国外发达国家20世纪80年代初的水平，特别是在制造工艺与装备方面，不能生产高精密、高速与高效的关键部件。我国目前取得较大进展的机器人技术有：数控机床关键技术与装备、隧道掘进机器人相关技术、工程机械智能化机器人相关技术、装配自动化机器人相关技术。现已开发出金属焊接、喷涂、浇铸装配、搬运、包装、激光加工、检验、真空、自动导引车等的工业机器人产品，主要应用于汽车、摩托车、工程机械、家电等行业。

我国的智能机器人和特种机器人在"七五"攻关计划、"九五"攻关计划和"863"计划的支持下，也取得了不少成果(图 1-2)。其中最为突出的是水下机器人，6000m 水下无缆机器人的成果居世界领先水平，还开发出直接遥控机器人、双臂协调控制机器人、爬壁机器人、管道机器人等机种；在机器人视觉、力觉、触觉、声觉等基础技术的开发应用上开展了不少工作，有了一定的发展基础。但是在多传感器信息融合控制技术、遥控加局部自主系统遥控机器人、智能装配机器人、机器人化机械等的开发应用方面则刚刚起步，与国外先进水平差距较大，需要在原有成绩的基础上，有重点地系统攻关，才能形成系统配套可供实用的技术和产品，以期在"十五"后期立于世界先进行列之中。

我国机器人技术主题发展的战略目标是：根据 21 世纪初我国国民经济对先进制造及自动化技术的需求，瞄准国际前沿高技术发展方向创新性地研究和开发工业机器人技术领域的基础技术、产品技术和系统技术。未来工业机器人技术发展的重点有：①危险、恶劣环境作业机器人：主要有防暴、高压带电清扫、星球检测、油汽管道等机器人；②医用机器人：主要有脑外科手术辅助机器人，遥控操作辅助正骨等；③仿生机器人：主要有移动机器人，网络遥控操作机器人等。其发展趋势是智能化、低成本、高可靠性和易于集成。

1.2.3　机器人发展趋势

机器人的发展大致经历了三个成长阶段，也即三个时代：第一代为简单个体机器人，属于示教再现型，它是通过一个计算机来控制一个多自由度的机械，通过示教存储程序和信息，工作时把信息读取出来，然后发出指令，这样机器人就可以重复人当时示教的结果，再现出这种动作，如汽车的点焊机器人；第二段为群体劳动机器人，具备了一定的感觉能力，如力觉、触觉、滑觉、视觉、听觉和人进行相类比，有了各种各样的感觉，当机器人抓一个物体的时候，它实际上能感觉出来力的大小，通过视觉能够去感受和识别物体的形状、大小和颜色；第三代为类似人类的智能机器人，它不仅具备了感觉能力，而且还具有独立判断和行动的能力，并具有记忆、推理和决策的能力，因此能够完成更加复杂的动作。这一阶段也是我们机器人学中所追求的最高级阶段，这阶段的机器人也称为智能机器人，只要告诉它做什么，不用告诉它怎么去做，它就能完成运动、感知、思维和人机通信的这种功能和机能。但目前的发展还是相对的，只是在局部有这种智能的概念和含义，但真正完整意义的这种智能机器人实际上并不存在，只是随着科学技术不断发展，智能的概念越来越丰富，它内涵越来越宽。

对于未来意识化智能机器人很可能的几大发展趋势，在这里概括性地分析如下：

1.2.3.1　语言交流功能越来越完美

智能机器人既然已经被赋予"人"的特殊称谓，那当然需要有比较完美的语言功能，这样就能与人类进行一定的，甚至完美的语言交流，所以机器人语言功能的完善是一个非

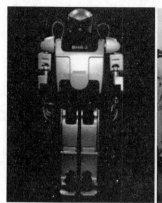

仿人机器人"汇童BHR-2"　　　　　太极拳表演　　　　　　　刀术表演

广东科学中心仿人机器人

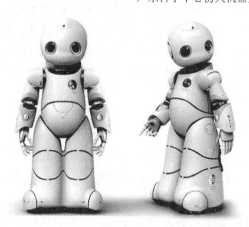

轮式服务机器人

图1-2　国内部分机器人

常重要的环节。未来智能机器人的语言交流功能会越来越完美化,这是一个必然性趋势,在人类的完美设计程序下,它们能轻松地掌握多个国家的语言,远高于人类的学习能力。

另外，机器人还能具有自我的语言词汇重组能力，就是在与人类交流遇到语言包程序中没有的语句或词汇时，可以自动地用相关的或相近意思词组，按句子的结构重组成一句新句子来回答，这类似于人类的学习能力和逻辑能力，是一种意识化的表现。

1.2.3.2　各种动作的完美化

机器人的动作是相对于模仿人类动作来说的，我们知道人类能做的动作是极其多样化的，如招手、握手、走、跑、跳等，都是人类的惯用动作。现代智能机器人虽然能模仿人的部分动作，但却有点僵化的感觉，或者动作比较缓慢。未来机器人将具有更灵活的类似人类的关节和仿真人造肌肉，使其动作更像人类。还有可能做出一些普通人很难做出的动作，如平地翻跟斗、倒立等。

1.2.3.3　外形越来越酷似人类

科学家们在研制越来越高级的智能机器人，主要是以人类自身形体为参照对象的，因此有一个很仿真的人形外表是其首要前提，在这一方面日本应该是相对领先的，国内也是非常超前的。当几近完美的人造皮肤、人造头发、人造五官等恰到好处地遮盖于有内在金属的机器人身上时，站在那里还配以人类的完美化正统手势，这样从远处乍一看，你还真的会误以为是一个大活人。当走近细看时，才发现原来只是个机器人。对于未来机器人，仿真程度很有可能达到即使你近在咫尺细看它的外在，你也只会把它当成人类，而不是机器人，这种状况就如美国科幻大片《终结者》中的机器人物造型具有极其完美的人类外表。

1.2.3.4　逻辑分析能力越来越强

为了使智能机器人更完美地模仿人类，未来科学家会不断地赋予它许多逻辑分析程序功能，这也相当于智能的表现。例如，将相应词汇自行重组成新的句子是逻辑能力的完美表现形式；还有当自身能量不足时，可以自行充电，而不需要主人帮助，那是一种意识表现。总之，逻辑分析有助于机器人自身完成许多工作，在不需要人类帮助的同时，还可以尽量地帮助人类完成一些任务，甚至是比较复杂化的任务。在一定层面上讲，机器人有较强的逻辑分析能力，是利大于弊的。

1.2.3.5　具备越来越多样化的功能

人类制造机器人的目的是为人类服务的，所以就会尽可能地使其多功能化。例如，在家庭中，它可以成为机器人保姆，会扫地、吸尘，并为你看护小孩，也可以做你的谈天朋友；到外面时，机器人可以帮你搬一些重物，或提一些东西，甚至还能当你的私人保镖。另外，未来高级智能机器人还会具备多样化的变形功能，如从人形状态，变成一辆豪华的汽车也是有可能的，这似乎是真正意义上的变形金刚了，它将载着你驶向你想去的任何地方，这种比较理想的设想，在未来都是有可能实现的。

机器人的产生是科学技术发展的必然结果，是社会经济发展到一定程度的产物，在经历了从初级到现在的成长过程后，随着科学技术的进一步发展及各种技术进一步的相互融合，我们相信机器人技术的前景将会更加光明。

1.3　机器人的分类

我国的机器人专家从应用环境出发，将机器人分为两大类，即工业机器人和特种机器人。所谓工业机器人就是面向工业领域的多关节机械手或多自由度机器人；特种机器人则是除工业机器人之外的、用于非制造业并服务于人类的各种先进机器人，包括：服务机器人、水下机器人、娱乐机器人、军用机器人、农业机器人、机器人化机器等。在特种机器人中，有些分支发展很快，有独立成体系的趋势，如服务机器人、水下机器人、军用机器人、微操作机器人等。目前，国际上的机器人学者，从应用环境出发将机器人也分为两类：制造环境下的工业机器人和非制造环境下的服务与仿人型机器人，这和我国的分类是一致的。关于机器人如何分类，国际上没有制定统一的标准，有的按负载分量分，有的按控制方式分，有的按自由度分，有的按应用领域分(表 1-1)。

表 1-1　　　　　　　　　　　　　　　机器人类型及解释

机器人分类名称	简　要　解　释
操作型机器人	能自动控制，可重复编程，有几个自由度，可定向运动，用于相关自动化系统中
程控型机器人	按预先要求的顺序及条件，一次控制机器人的机械动作
示教再现型机器人	通过引导或其他方式，先教会机器人动作，输入工作程序，机器人则自动重复进行作业
数控型机器人	通过数值、语言等对机器人进行示教，机器人根据示教后的信息进行作业
感觉控制型机器人	利用传感器获取的信息控制机器人的动作
适应控制型机器人	机器人能适应环境的变化，控制器自身的行动
学习控制型机器人	机器人能"体会"工作的经验，具有一定的学习功能，并将所"学"的经验用于工作中
智能机器人	以人工智能决定其行动的机器人

1.4　竞赛机器人

竞赛机器人本来是娱乐机器人，也在工程教育中得到了很好的应用。参与"机器人奥林匹克赛"产生的兴趣，远比常规的其他项目带来的兴趣大得多。不用说，机器人容易引起年轻人的兴趣。即使是在看着机器人科幻电影长大的更年长的一代中，也能发现制造机器人的兴趣。然而，制造机器人要求对多个不同的工程和科学领域有适当的理解，如机械、模拟和数字电路、编程、微控制器和控制原理。我们多年的经验表明，投入到机器人制作中的学生，不出意料地都积极学习这些领域甚至更多领域知识。他们对理论与实践相结合有更好的理解。参与机器人竞赛的学生，其行为一般会发生显著变化：①他们更自主自觉地学习；②他们的工程技能信心显著增强；③他们学到了合作并成为团队的一员，因为机器人竞赛项目常常是团队项目。这些都是工业界高度需求的特质。

1.4.1　经典机器人竞赛项目

机器人由于其应用和功能的不同，在竞赛中不同机器人参与的比赛项目也不相同。综合近年来国内外机器人竞赛的比赛项目，我们介绍几个有技术挑战性的竞赛项目。

1.4.1.1　平衡杆机器人竞步

这个竞赛项目是从一个著名的控制原理问题——倒立摆的控制得到的灵感。一个机器人支撑一个可以绕水平轴自由转动的倒立摆杆，通过移动其支撑点保持摆杆竖立的平衡。竞赛场地由一个 3m×1.5m 的水平木制地板组成，机器人被要求在出发区将摆杆竖立平衡，然后移动到场地的另一端，再返回到出发区，其间要通过不同的坡面和障碍。以上运动循环被不断地重复，机器人的排名以 5min 以内完成的循环次数而定。

1.4.1.2　机器人聚类

该项比赛的目标是建造一对自助和协作的移动机器人，它们的任务是寻找、探测和收集着色小球，并将其放入指定的容器内。每一个容器对应一种颜色，且位于比赛场地的相反的一边。在场地上有 2 种不同颜色的小球，且是随机分布的。对机器人的主要约束是它们必须在自己专属的区域内操作。每个机器人被允许在指定收集点放置一种指定的着色小球，这也就意味着：在某些时间点上，机器人必须交换它们收集到的着色小球，以完成任务。例如，一个分工收集蓝色小球的机器人，也可能收集到落在其区域内的绿色小球，但是，它必须将绿色小球传递给它的同伴，也就是那个在其专属区域内负责收集绿色小球的机器人。场地的中心部分规定为机器人交换小球的地方，那里允许两个机器人同时存在。这个竞赛涉及自主和移动机器人的原理，以及多机器人协作、协同和通信的逐步理解。

1.4.1.3　类人机器人比赛

类人机器人比赛的主要目的是激励类人机器人技术的发展，以使机器人能像人类一样行走和奔跑。比赛在双足机器人之间展开，没有预先确定的竞步区域，参赛机器人在自然的地面上比赛，地面可能是地毯、水泥地面或木质地板等。然而，竞步路线是由白色反光标志线标出的。从出发点沿标志线到达终点用时最短的机器人获胜。

1.4.1.4　爬壁机器人竞赛

这项比赛的目标是展示机器人垂直和水平攀爬能力。比赛场地由厚木板搭成 2m 见方的地板，墙和天花板。比赛中，机器人从地板的前边部分开始，朝墙方向运动，爬上墙，到达天花板，漫游到天花板的边缘，最后回到起点。机器人以完成任务所花的时间排序。

比赛场地是非磁性的，这使得该项比赛更具挑战性。许多参加该项比赛的机器人利用气压原理和其他创新性的技术以便在最短时间内完成任务。

1.4.2　世界机器人大赛介绍

机器人竞赛正在世界各地涌现，每个比赛都有其特定的目标和规则。有些比赛是从国家和地区举办的活动开始的，不过很快就变成了国际赛事。下面，我们介绍一些成熟且知名的比赛。

1.4.2.1　微老鼠

微老鼠可能是最早的机器人比赛。在这一赛事中，一个机器人老鼠试着走出一个由16×16 单元组成的迷宫。这里面的技术挑战包括找到一条最优的路径并在最短时间到达目的地(图 1-3)。这个比赛在世界范围内举行，也是新加坡机器人竞赛的项目之一。

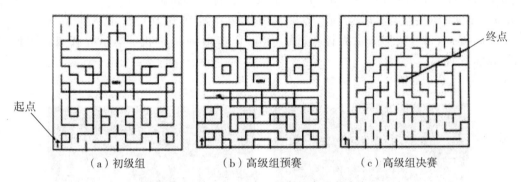

（a）初级组　　　　　（b）高级组预赛　　　　　（c）高级组决赛

图 1-3　第 22 届日本机器鼠比赛迷宫路线

1.4.2.2　FIRA

FIRA 是世界上最成熟的机器人比赛赛事之一。该赛事于 1995 年起源于韩国，从那时起每年在不同的地点举办一次。国际机器人协会联合会(FIRA)于 1997 年 6 月成立。两个机器人队踢足球的首创性提出，为研究多智能体提供了一个好的平台。参赛者需要处理协作、分布式控制、有效通信、自适应和可靠性等问题。在 FIRA 中比赛分为 7 组，每组关注不同种类的机器人和问题，分别是 HurSot(类人机器人)，AmireSot(全自主板上机器人)，MicroSot(每队由 3 个体积为 7.5cm×7.5cm×7.5cm 的机器人组成)，NanoSot(每队由 5 个体积为 4cm×4cm×4cm 的机器人组成)，AndroSot(3 个遥控机器人组成的队，每个机器人的最大尺寸为 50cm)，RoboSot(3 个全自主或半自主机器人组成的队，每个机器人的尺寸为 20cm×20cm×高度不限)，以及 SimuroSot(5 对 5 及 11 对 11 的仿真比赛)。

1.4.2.3　WRO（国际机器人奥林匹克竞赛）

WRO 是由中国、日本、韩国等 13 个国家和地区的科普组织和机器人技术推广组织共同发起的一项国际青少年竞赛，每年在其成员国举办一届，目前已举办了 21 届，成员包括 35 个国家。该赛事主要采用 LEGO 公司的产品，包括：机器人工程设计、机器人创意设计、机器人足球。

1.4.2.4　RoboCup

RoboCup 是一个促进机器人和人工智能研究的国际倡议，通过提供一个标准平台来进行多种技术的集成与测试。到 2050 年，RoboCup 联合会把目标定为：开发足够先进的自主类机器人，与人类足球世界杯冠军队进行比赛。如果有机器人能够踢足球并能打败人类足球世界冠军队，在这个机器人队上开发的技术将足以用来开发可在任何任务中帮助人类的机器人。

RoboCup 赛事包括比赛、展览和讨论会（图 1-4）。比赛分为两大类，儿童和不超过 19 岁的青少年参加青少年组比赛，以及不限年龄但主要是大专院校学生参加的高年级组比赛。青少年组包括四项赛事：青少年机器人世界杯足球赛（RoboCup Junior Soccer）、青少年机器人世界杯救援赛（RoboCup Junior Rescue）、青少年机器人世界杯舞蹈赛（RoboCup Junior Dance）和共空间（CoSpace）赛事。高年级组比赛包括：机器人世界杯足球赛（RoboCup Soccer）、机器人世界杯救援赛（RoboCup Rescue）、机器人世界杯家庭组比赛（RoboCup@ Home）。

（a）f-2000 中型组比赛

（b）拟人型机器人 ASIMO 的表演

（c）有腿（四足）机器人组比赛

（d）f-180 小型组比赛

图 1-4　RoboCup 比赛

机器人世界杯足球比赛：这项比赛的焦点是两个机器人队在一个指定的场地上比赛，以尽可能多地将球踢进对方的球门获得计分。研究结果主要集中在多智能体的协作与协调，机器人运动学和动力学方面。

1.4.2.5 机器人世界杯救援比赛

这项比赛的目的是促进灾害环境下救援的研究与开发，用机器人探索一个模拟的灾害现场，定位并识别生命信号，建立灾害场景的地图以便安全实施救援。比赛瞄准开发对灾害作出反应的智能体和机器人。

1.4.2.6 相扑机器人比赛(Robotic Sumo Wrestling)

机器人相扑比赛起源于日本，其比赛规则比较宽松，给参赛者留有较大的发挥空间(图1-5)。机器人相扑比赛的规则要求机器人的长和宽不得超过20cm，重量不得超过3kg，对机器人的身高没有要求。机器人的比赛场地是高5cm，直径为154cm的圆形台面。台面上敷以黑色的硬质橡胶，硬质橡胶的边缘处涂有5cm宽的白线。这种以黑白两色构成边界线的比赛场地便于相扑机器人利用低成本的光电传感器进行边界识别。相扑机器人使用的传感器有超声波传感器、触觉传感器等，成本都不高。正是由于费用不太高，所以发展很快。自1990年首次举办比赛以来，到1993年的第4届参赛机器人已超过1000台。由于竞技过程是双方机器人身体的直接较量，气氛紧张、比赛激烈，因此该项比赛在日本和其他一些国家受到了广泛欢迎。

图1-5 日本相扑机器人比赛

还有一些在国际上有较大影响的国际机器人大赛，比如机器人世界杯新加坡公开赛(RoboCup Singapore Open)，MATE'S ROV 比赛，世界机器人帆船锦标赛(World Robotic Sailing Championship)等。所有这些机器人竞赛的一个共同要素是：它们为年轻的工程技术人员提供了开发他们的工程技能的途径。期望学生们更好地理解科学的概念、将工程原理应用到实践中以及跟踪现代技术的发展。

1.4.3 机器人竞赛的意义

机器人竞赛有三大意义：①培养新生代的发散思维，为中国科技事业培育后备力量。

②为青年人创造科学环境。③体现了新的科学思维模式。中国的教育模式正在由过去的 STM 科学思维模式转变为 STEM 模式。STEM 分别是英文 science、technology、engineering 和 mathematics 的首写字母，与 STM 相比多了"工程"元素，倡导"动手"能力的培养。近年来，高等教育规模快速发展，为我国经济社会的快速、健康和可持续发展做出巨大贡献。但是，目前高等教育还不能完全适应经济社会发展的需要，学生的创新能力亟待加强，人才培养模式，教学内容和教学方法都需要进一步转变。针对时代要求和当代大学生现状，利用自身条件，结合实践创新训练，有效地培养大学生的综合创新能力。结合机器人实验室，参加机器人比赛等创新训练是沟通传统教学方法和培养创新型人才的桥梁。

创新是一个民族进步的灵魂，是国家兴旺发达的不竭动力。机器人竞赛的主要特性包括以下几个方面。

1.4.3.1　创新性

创造性思维是创新的起点，创新是创造性思维的结果。衡量个人是否具有创造素质的重要方面包括：

(1)好奇心，就是对解读自然奥秘怀着浓厚的兴趣，以及非凡的想象力；敢于挑战传统的理论，敢于怀疑司空见惯的现象。

(2)独立思考，充分运用自己的智慧能动地思维。靠出奇制胜来应对"新"和"变"。出奇制胜的灵感虽然具有突发、感悟、随机、稍纵即逝的特点，但不是空穴来风，而是源于有准备的、长期独立的思维。

(3)信心和意志。在探求未知的过程中充满真理必胜的奋斗激情，对达到目标始终抱有希望。机器人比赛任务重、时间紧、难度大，既是智慧的比赛，也是意志的较量。

1.4.3.2　综合性

创新是科技知识综合、智力综合、体力综合的产物。创新活动需要广泛的知识积累和深厚的科技理论功底。

1.4.3.3　实践性

机器人比赛为学生提供了多学科实践的机会，如机械设计、工程图绘制、外形造型设计、机械加工、装配作业、电子路线设计与制作、线路调试、计算机控制编程等等，甚至到市场去采购元器件也是一种实践。

1.4.3.4　风险性

机器人比赛既有必然的结果，也存在很多偶然因素。冠军只有一个，因此同学们也要有失败的思想准备，不以成败论英雄，从失败中看到成功之处，在成绩面前找差距。

第2章 机器人基础知识

2.1 机器人的组成

机器人系统是由机器人和作业对象及环境共同构成的。20 世纪 50 年代，为代替人工从事单调、重复的体力劳动或危险的工作，提高产品质量，工业机器人应运而生。此后，机器人作为生产自动化的典型代表，在制造业领域获得了巨大的成功。

从人们一般的理解来看，机器人是具有一些类似人的功能的机械电子装置，或者叫自动化装置，它仍然是个机器。它具有三个特点：①具有类似人的功能，如作业功能、感知功能和行走功能；②能完成各种动作；③能根据人的编程自动工作，即通过编程可以改变其工作、动作及工作的对象等的要求。

机器人系统包括机械系统、驱动系统、控制系统和感知系统四大部分。

2.1.1 机械系统

工业机器人的机械系统包括机身、臂部、手腕、末端操作器和行走机构等部分，每一部分都有若干自由度，从而构成一个多自由度的机械系统。此外，有的机器人还具备行走机构(mobile mechanism)。若机器人具备行走机构，则构成行走机器人；若机器人不具备行走及腰转机构，则构成单机器人臂(single robot arm)。末端操作器是直接装在手腕上的一个重要部件，它可以是两手指或多手指的手爪，也可以是喷漆枪、焊枪等作业工具。工业机器人机械系统的作用相当于人身体上的骨髓、手、臂和腿等。

2.1.2 驱动系统

驱动系统主要是指驱动机械系统动作的驱动装置。根据驱动源的不同，驱动系统可分为电气、液压和气压三种以及把它们结合起来应用的综合系统。该部分的作用相当于人的肌肉。

电气驱动系统在工业机器人中应用得较普遍，可分为步进电动机、直流伺服电动机和交流伺服电动机三种驱动形式。早期多采用步进电动机驱动，后来发展了直流伺服电动机，现在交流伺服电动机驱动也逐渐得到应用。上述驱动单元有的用于直接驱动机构运动；有的通过谐波减速器减速后驱动机构运动，其结构简单紧凑。

液压驱动系统运动平稳，且负载能力大，作为重载搬运和零件加工机器人的驱动比较合理。但液压驱动存在管道复杂、清洁困难等缺点，因此限制了它在装配作业中的应用。

无论采用电气驱动还是液压驱动的机器人，其手爪的开合都采用气动形式。

气压驱动机器人结构简单、动作迅速、价格低廉，但由于空气具有可压缩性，其工作速度的稳定性较差。但是，空气的可压缩性可使手爪在抓取或卡紧物体时的顺应性提高，防止受力过大而造成被抓物体或手爪本身的破坏，气压系统的压力一般为 0.7 MPa，因而抓取力小，只有几十牛到几百牛大小。

2.1.3　控制系统

控制系统的任务是根据机器人的作业指令程序及从传感器反馈回来的信号控制机器人的执行机构，使其完成规定的运动和功能。

如果机器人不具备信息反馈特征，则该控制系统称为开环控制系统；如果机器人具备信息反馈特征，则该控制系统称为闭环控制系统。该部分主要由计算机硬件和控制软件组成。软件主要由人与机器人进行联系的人机交互系统和控制算法等组成。该部分的作用相当于人的大脑。

2.1.4　感知系统

感知系统由内部传感器和外部传感器组成，其作用是获取机器人内部和外部环境信息，并把这些信息反馈给控制系统。内部状态传感器用于检测各关节的位置、速度等变量，为闭环伺服控制系统提供反馈信息。外部状态传感器用于检测机器人与周围环境之间的一些状态变量，如接近程度和接触情况等，用于引导机器人，便于其识别物体并做出相应处理。外部传感器可使机器人以灵活的方式对它所处的环境做出反应，赋予机器人一定的智能，该部分的作用相当于人的五官。

机器人系统实际上是一个典型的机电一体化系统，其工作原理为：控制系统发出动作指令，控制驱动器动作，驱动器带动机械系统运动，使末端操作器到达空间某一位置和实现某一姿态，实施一定的作业任务。末端操作器在空间的实际位姿由感知系统反馈给控制系统，控制系统把实际位姿与目标位姿相比较，发出下一个动作指令，如此循环，直到完成作业任务为止。如图 2-1 所示为某工业机器人的系统组成。

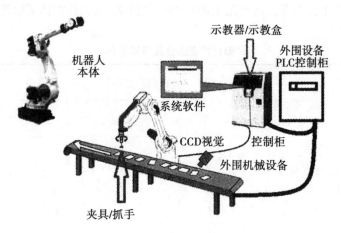

图 2-1 某工业机器人的系统组成

2.2 机器人的技术参数

2.2.1 自由度

　　自由度(degree of freedom)是指机器人所具有的独立坐标轴的数目，不包括末端操作器的开合自由度。机器人的一个自由度对应一个关节，所以自由度与关节的概念是相等的。自由度是表示机器人动作灵活程度的参数，自由度越多越灵活，但结构也越复杂，控制难度越大，所以机器人的自由度要根据其用途设计，一般为 3~6 个。大于 6 个的自由度，称为冗余自由度。冗余自由度增加了机器人的灵活性，可方便机器人躲避障碍物和改善机器人的动力性能。人类的手臂(大臂、小臂、手腕)共有 7 个自由度，所以工作起来很灵巧，可回避障碍物，并可从不同的方向到达同一个目标点。

2.2.2 机器人的工作范围

　　机器人的工作范围是指机器人手臂或末端操作器安装点所能达到的所有空间区域，但不包括末端操作器本身所能达到的区域。这是机器人的主要技术参数之一。机器人所具有的自由度数目及其组合不同，则其运动图形不同；而自由度的变化量(即直线运动的距离和回转角度的大小)则决定着运动图形的大小。

　　一般情况下，手部在空间的运动范围和位置基本上取决于臂部的自由度，因此臂部的运动也称为机器人的主运动，它主要确定手部的空间位置；腕部的自由度主要用来调整手部在空间的姿态。表 2-1 所列为臂部几种自由度的不同组合及其运动图形。由表 2-1 可见，臂部有 1 个自由度时，运动图形仅为一直线或圆弧；有 2 个自由度时，便形成平面图形或圆柱面；有 3 个自由度，运动范围则从面扩大到立体(如长方体或回转体)。

表 2-1　　　　　　　　　　　　　　　臂部自由度组合及运动图形

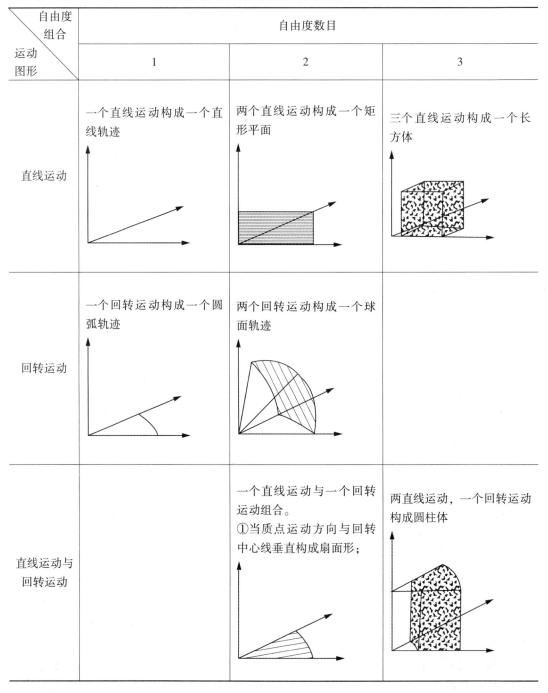

运动图形 ＼ 自由度组合	自由度数目		
	1	2	3
直线运动	一个直线运动构成一个直线轨迹	两个直线运动构成一个矩形平面	三个直线运动构成一个长方体
回转运动	一个回转运动构成一个圆弧轨迹	两个回转运动构成一个球面轨迹	
直线运动与回转运动		一个直线运动与一个回转运动组合。①当质点运动方向与回转中心线垂直构成扇面形；	两直线运动，一个回转运动构成圆柱体

续表

运动图形 \ 自由度组合	自由度数目		
	1	2	3
直线运动与回转运动		②当直线运动方向与回转中心线相垂直时，构成一个圆柱面 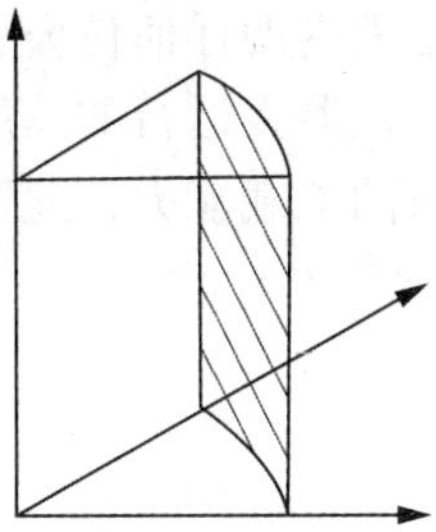	两个回转运动，一个直线运动，构成空心球体 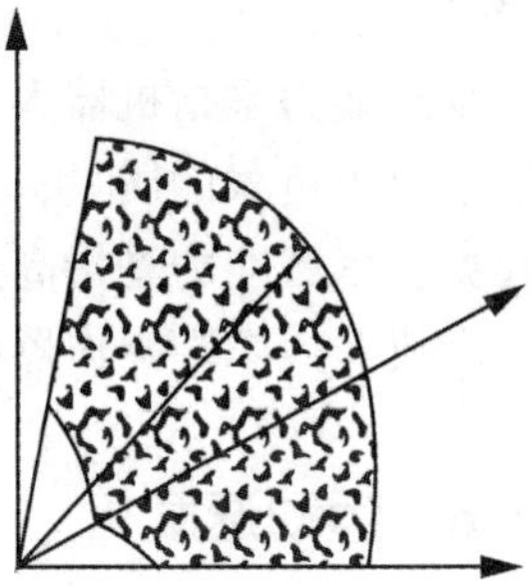

2.2.3 定位精度和重复定位精度

机器人精度包括定位精度和重复定位精度。定位精度是指机器人手部实际到达位置与目标位置的差异；重复定位精度是指机器人重复定位其手部于同一目标位置的能力，可以用标准偏差这个统计量来表示。它是衡量一系列误差值的密集度，即重复度。

机器人操作臂的定位精度是根据使用要求确定的，而机器人操作臂本身所能达到的定位精度，取决于定位方式、运动速度、控制方式、臂部刚度、驱动方式、缓冲方法等因素。

工艺过程不同，对机器人操作臂重复定位精度的要求也不同。不同工艺过程所要求的定位精度见表2-2。

表2-2　　　　　　　　　　　　不同工艺过程定位精度要求

工艺过程	定位精度/mm
金属切削机床上下料	±(0.05~1.00)
冲床上下料	±1
点焊	±1
模锻	±(0.1~2.0)
喷涂	±3
装配、测量	±(0.01~0.50)

2.2.4　最大工作速度

通常指机器人操作臂末端的最大速度。提高速度可提高工作效率，因此提高机器人的加速减速能力，保证机器人加速减速过程的平稳性是非常重要的。

2.2.5　承载能力

承载能力是指机器人在工作范围内的任何位姿上所能承受的最大质量。机器人的载荷不仅取决于负载的质量，而且还与机器人运行的速度和加速度的大小和方向有关。为了安全起见，承载能力是指高速运行时的承载能力。通常，承载能力不仅要考虑负载，而且还要考虑机器人末端操作器的质量。

2.2.6　运动速度

机器人或机械手各动作的最大行程确定后，可根据生产需要的工作节拍分配每个动作的时间，进而确定各动作的运动速度。例如，一个机器人操作臂要完成某一工件的上料过程，需完成夹紧工件，手臂升降、伸缩、回转等一系列动作，这些动作都应该在工作节拍所规定的时间内完成。至于各动作的节拍究竟该如何分配，则取决于很多因素。

机器人操作臂的总动作时间应小于或等于工作节拍。如果两个动作同时进行，需按时间较长的计算。一旦确定了最大行程和动作时间，其运动速度也就确定下来了。

(1)给定的运动时间应大于电气、液(气)压元件的执行时间。

(2)伸缩运动的速度要大于回转运动的速度。因为回转运动的惯性一般大于伸缩运动的惯性，所以应减少惯性过大给设计、制造带来的困难。

(3)在工作节拍短、动作多的情况下，常使几个动作同时进行。因此，驱动系统要采取相应的措施，以保证动作的同步。

2.3　坐标变换和定位

机器人研究的一个重要部分是其前向运动学，它涉及机器人及其终端效应器(如抓手)的位置和方向。在这一节，我们将考虑机器人的细节和它们运动的来源等。

我们将简单地考虑一个可在三维空间自由运动的刚性物体(简称刚体)。就像前面提到的，一个刚体在空间有两种可能的运动：转动和移动。倘若一个物体的几何表示已经给出，那就只要定义坐标系统的位置和方向，就足以在任意空间重建这个物体了。

现在考虑在 xy 平面上的一点 P，如图 2-2(a) 所示，并假设 P 点绕 z 轴旋转 θ 度。我们能用三角函数计算 P 点的坐标。P 点的坐标在转动前可以表示为

$$P_x = r\cos\varphi, \quad P_y = r\sin\varphi \tag{2-1}$$

旋转 θ 度后，P' 点代表新的 P 点的坐标，可由下式表示：

$$P'_x = r\cos(\varphi + \theta), \quad P'_y = r\sin(\varphi + \theta) \tag{2-2}$$

利用三角函数，可得到

$$P'_x = r(\cos\varphi \times \cos\theta) - r(\sin\varphi \times \sin\theta)$$
$$P'_y = r(\sin\varphi \times \cos\theta) + r(\cos\varphi \times \sin\theta) \tag{2-3}$$

将式(2-1)代入式(2-3)得

$$P'_x = P_x\cos\theta - P_y\sin\theta$$
$$P'_y = P_y\cos\theta - P_x\sin\theta \tag{2-4}$$

写成矩阵形式为

$$\begin{bmatrix} P'_x \\ P'_y \end{bmatrix} = \begin{bmatrix} \cos\theta & -\sin\theta \\ \sin\theta & \cos\theta \end{bmatrix} \begin{bmatrix} P_x \\ P_y \end{bmatrix} \tag{2-5}$$

式(2-5)定义了绕 z 轴旋转 θ 度的矩阵表达形式。式(2-5)对 P 点的 z 和 y 坐标进行运算。一般情况下，在三维空间中的一点，由三个变量 x，y 和 z 表示。考虑到这点，一个旋转矩阵可以用一个 3×3 的矩阵来定义。因此，式(2-5)可以重写为

$$\begin{bmatrix} P'_x \\ P'_y \\ P'_z \end{bmatrix} = \begin{bmatrix} \cos\theta & -\sin\theta & 0 \\ \sin\theta & \cos\theta & 0 \\ 0 & 0 & 1 \end{bmatrix} \begin{bmatrix} P_x \\ P_y \\ P_z \end{bmatrix} \tag{2-6}$$

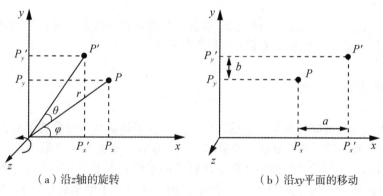

（a）沿 z 轴的旋转　　　　　　　（b）沿 xy 平面的移动

图 2-2

现在我们有了旋转矩阵，它代表绕 z 轴旋转 θ 度的转动运算：

$$R_z(\theta) = \begin{bmatrix} \cos\theta & -\sin\theta & 0 \\ \sin\theta & \cos\theta & 0 \\ 0 & 0 & 1 \end{bmatrix} \tag{2-7}$$

类似地，绕 y 轴的旋转(矩阵)定义为

$$R_y(\alpha) = \begin{bmatrix} \cos\alpha & 0 & \sin\alpha \\ 0 & 1 & 0 \\ -\sin\alpha & 0 & \cos\alpha \end{bmatrix} \tag{2-8}$$

绕 x 轴的旋转(矩阵)定义为

$$R_x(\gamma) = \begin{bmatrix} 1 & 0 & 0 \\ 0 & \cos\gamma & -\sin\gamma \\ 0 & \sin\gamma & \cos\gamma \end{bmatrix} \qquad (2\text{-}9)$$

绕 z 轴的旋转称为滚转,绕 y 轴的旋转称为俯仰,绕 x 轴的旋转称为偏航。

现在我们来考虑如图 2-2(b)所示的线性平移。线性平移后 P 点的新坐标将是

$$P'_x = P_x + a$$
$$P'_y = P_y + b \qquad (2\text{-}10)$$
$$P'_z = 0$$

考虑 z,y 和 z 坐标,重新组织这些方程,写成矩阵形式,可以得到

$$\begin{bmatrix} P'_x \\ P'_y \\ P'_z \\ 1 \end{bmatrix} = \begin{bmatrix} 1 & 0 & 0 & a \\ 0 & 1 & 0 & b \\ 0 & 0 & 1 & 0 \\ 0 & 0 & 0 & 1 \end{bmatrix} \begin{bmatrix} P_x \\ P_y \\ P_z \\ 1 \end{bmatrix}$$

我们能容易地推出在 3 个轴上平移的通用方程表现形式如下:

$$\begin{bmatrix} P'_x \\ P'_y \\ P'_z \\ 1 \end{bmatrix} = \begin{bmatrix} 1 & 0 & 0 & k_x \\ 0 & 1 & 0 & k_y \\ 0 & 0 & 1 & k_z \\ 0 & 0 & 0 & 1 \end{bmatrix} \begin{bmatrix} P_x \\ P_y \\ P_z \\ 1 \end{bmatrix}$$

式中,k_x,k_y 和 k_z 是沿 x,y 和 z 轴的位移。要着重指出的是,所获得的转移矩阵是个 4×4 的,一个点需要 4 个参数确定而不是 3 个参数。

2.3.1　复合旋转

　　一个物体在空间可能有多于 1 个的转动,这造成了计算其最终位置的复杂性。如果假设一个独立的坐标系固连在物体上,如图 2-3(a)所示,那么解决方案将变得简单。假设点 P 代替物体,一个与参考坐标系一致的坐标系固连在 P 点上。我们通过分解不同的运动得到一个转移矩阵。首先,如图 2-3(b)所示,固连在 P 点上的坐标系绕 z 轴旋转 90°。这里要着重指出的是:顺时针转动认为是负的,而逆时针转动认为是正的。转动后的变换由坐标系 x_1,y_1,z_1 表示。

　　其次,接下来运动的是绕 y_1 轴转动 + 90°(图 2-3(c)),形成的坐标系为 x_2,y_2,z_2。最后是绕 z_2 轴转动 + 90°(图 2-3(d)),形成的坐标系为 x_3,y_3,z_3,如图 2-3(e)所示。这个例子中的转动顺序是滚转、俯仰和偏航。转动的次数和角度是没有限制的,然而,为了便于展示,在这个例子中,我们仅选取正角度。

　　用矩阵形式,第一次转动定义如下:

$$R_z(\theta) = \begin{bmatrix} \cos\theta & -\sin\theta & 0 \\ \sin\theta & \cos\theta & 0 \\ 0 & 0 & 1 \end{bmatrix}, \quad \theta = 90° \qquad (2\text{-}11)$$

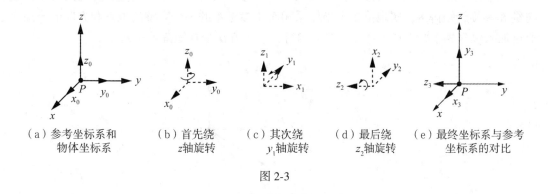

（a）参考坐标系和 　（b）首先绕 　　（c）其次绕 　（d）最后绕 　　（e）最终坐标系与参考
　物体坐标系 　　　　z轴旋转 　　　y_1轴旋转 　　z_2轴旋转 　　　坐标系的对比

图 2-3

第二次转动的旋转矩阵是

$$R_y(\alpha) = \begin{bmatrix} \cos\alpha & 0 & \sin\alpha \\ 0 & 1 & 0 \\ -\sin\alpha & 0 & \cos\alpha \end{bmatrix}, \quad \alpha = -90° \tag{2-12}$$

最后一次转动的旋转矩阵是

$$R_z(\varphi) = \begin{bmatrix} \cos\varphi & -\sin\varphi & 0 \\ \sin\varphi & \cos\varphi & 0 \\ 0 & 0 & 1 \end{bmatrix}, \quad \varphi = -90° \tag{2-13}$$

现在我们可以利用上面给出的每个转动的旋转矩阵，利用后乘规则，获得一个完整的从坐标系 x_0，y_0，z_0 到 x_3，y_3，z_3 的旋转矩阵：

$$R(\text{total}) = R_z(\theta) R_y(\alpha) R_z(\varphi) \tag{2-14}$$

$$R(\text{total}) = \begin{bmatrix} \cos(90) & -\sin(90) & 0 \\ \sin(90) & \cos(90) & 0 \\ 0 & 0 & 1 \end{bmatrix} \begin{bmatrix} \cos(-90) & 0 & \sin(-90) \\ 0 & 1 & 0 \\ -\sin(-90) & 0 & \cos(-90) \end{bmatrix} \begin{bmatrix} \cos(-90) & -\sin(-90) & 0 \\ \sin(-90) & \cos(-90) & 0 \\ 0 & 0 & 1 \end{bmatrix}$$

$$R(\text{total}) = \begin{bmatrix} -1 & 0 & 0 \\ 0 & 0 & -1 \\ 0 & -1 & 0 \end{bmatrix} \tag{2-15}$$

2.3.2　齐次变换矩阵

第 2.3.1 节讨论的变换矩阵能表达转动运动，但不能表达移动运动。将转动和移动结合成为一个变换矩阵是有可能的。假设经过转动变换后，图 2-3(e) 中的坐标系 x_3，y_3，z_3 现在移动到 x_4，y_4，z_4，如图 2-4 所示。整个变换可以分解为一个从坐标系 x_0，y_0，z_0 变换到坐标系 x_3，y_3，z_3 的转动，以及一个从坐标系 x_3，y_3，z_3 到坐标系 x_4，y_4，z_4 的移动。这些转动和移动运动能写成一个紧凑的 4×4 矩阵的形式，这个矩阵就是熟知的齐次变换矩阵。它将一个位置向量从一个坐标系统映射到另一个坐标系统。

$$H = \begin{bmatrix} & R & & T \\ 0 & 0 & 0 & 1 \end{bmatrix} \tag{2-16}$$

式中，R 是 3×3 的旋转矩阵，K 是 3×1 的移动向量。一个齐次变换矩阵组合了位置向量 K 和旋转矩阵 R，实现第二个坐标系相对于参考系的一个完整的位置和方向的描述。通过加入包含 3 个"0"和 1 个"1"的第四行，一个齐次变换矩阵就构建成了。

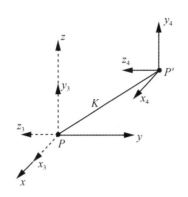

图 2-4　包括转动和移动的变换运算

$$H = \begin{bmatrix} r_{11} & r_{12} & r_{13} & k_x \\ r_{21} & r_{22} & r_{23} & k_y \\ r_{31} & r_{32} & r_{33} & k_z \\ 0 & 0 & 0 & 1 \end{bmatrix} \tag{2-17}$$

2.3.3　复合变换

在实际中，一个刚体的运动可能由一系列的齐次转动和齐次移动所组成。一个代表完整转动和移动序列的复合的齐次变换矩阵，可以由所有的变换矩阵相乘而得到（Fuetal，1987）。然而，矩阵相乘的正确顺序非常重要。

设参考坐标系为 x_r，y_r，z_r，与物体固连的坐标系为 x_0，y_0，z_0，两个坐标系在初始时是重合的。假定在坐标系 x_0，y_0，z_0 定义了两种运动：第一种运动是沿 y 轴移动 B 个单位，其所对应的齐次移动矩阵为

$$H_{\text{TR}} = \begin{bmatrix} 1 & 0 & 0 & 0 \\ 0 & 1 & 0 & B \\ 0 & 0 & 1 & 0 \\ 0 & 0 & 0 & 1 \end{bmatrix} \tag{2-18}$$

第二种运动是绕 x_0，y_0，z_0 坐标系的 $z0$ 轴（或绕 z_r 轴，因这两个坐标系初始时是重合的）转动 θ 角，其齐次旋转矩阵是

$$H_{\text{ROT}} = \begin{bmatrix} \cos\theta & -\sin\theta & 0 & 0 \\ \sin\theta & \cos\theta & 0 & 0 \\ 0 & 0 & 1 & 0 \\ 0 & 0 & 0 & 1 \end{bmatrix} \tag{2-19}$$

我们现在将移动和旋转矩阵相乘，以获得齐次变换矩阵。如果相乘的顺序如下，

$$H = H_{TR}H_{ROT} \qquad (2\text{-}20)$$

那么式(2-20)所示的齐次变换矩阵就定义了一个 x_0，y_0，z_0 坐标系的运动：先沿 y_0 轴移动 B 个单位，接着绕 z_0 轴旋转 θ 角。另外，相反的相乘顺序(式(2-21)所示)意味着 z_0，y_0，z_0 坐标系的运动：先绕 z_0 轴旋转 θ 角，接着沿 y_0 轴移动 B 个单位。这两种运动的区别可以清楚地从图 2-5 中看出来。

$$H = H_{ROT}H_{TR} \qquad (2\text{-}21)$$

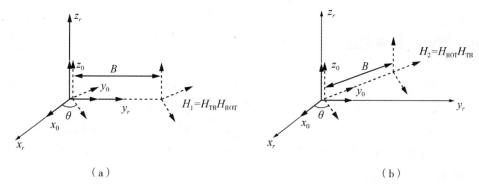

图 2-5　复合变换

有两种在机器人运动计算中应用的 4×4 矩阵。第一种是描述给定的坐标系相对于基础坐标系的变换。在这种固定坐标系条件下，所有连续变换都是相对初始坐标系(或静态坐标系)定义的。假设一个变换序列应用到局部坐标系上，这个变换序列相对于一个全局坐标系表示为 H_1，H_2，$\cdots$，H_n，其中 H_1 是第一次变换，而 H_n 是最后一次。在这种情况下，我们前乘这些变换矩阵得

$$H = H_n \times \cdots \times H_2 \times H_1 \qquad (2\text{-}22)$$

第二种是描述在一个局部坐标移动链中任意两个坐标系之间的关系。在这种情况下，假设每个紧接着的变换是定义在当前局部坐标系基础上的。让我们假设一个变换序列应用到局部坐标系上，这个变换序列相对于一个移动局部坐标系表示为 H_1，H_2，$\cdots$，H_n，其中 H_1 是第一次变换，而 H_n 是最后一次。在这种情况下，我们后乘这些变换矩阵得

$$H = H_1 \times H_2 \times \cdots \times H_n \qquad (2\text{-}23)$$

目测观察基于固定参考坐标系的变换是相当困难的。在复合变换的情况下，我们将考虑机器人或一个刚体在空间的运动是一系列基于移动局部坐标系的齐次坐标变换。假设移动的物体从参考坐标系的原点一步一步地接近目标点，我们给每一步变换都建立一个单独的坐标系，以便于观察它们的运动。描述第 n 个坐标系相对于第 i 个坐标系的位置和方向的变换矩阵 $H_{i,\,n}$ 如下：

$$H_{i,\,n} = \prod_{i=0}^{n-1} H_{i,\,i+1} = H_{i,\,i+1} \times H_{i,\,i+2} \times \cdots \times H_{n-1,\,n} \qquad (2\text{-}24)$$

式中，$i = 0, 1, \cdots, n-1$，可以是任一小于 n 的数。所生成的矩阵 $H_{i,\ n}$ 描述了第 n 个坐标系相对于第 i 个坐标系的状态。因此，在第 n 个坐标系中的目标点坐标 P_t，可在第 i 个坐标系中表示为

$$H_t^{(i)} = H_{i,\ n} \times p_t^{(n)} \tag{2-25}$$

$$\begin{bmatrix} x_t^{(i)} \\ y_t^{(i)} \\ z_t^{(i)} \\ 1 \end{bmatrix} = H_{i,\ n} \times \begin{bmatrix} x_t^{(n)} \\ y_t^{(n)} \\ z_t^{(n)} \\ 1 \end{bmatrix} \tag{2-26}$$

2.3.4　物体的数学描述

为了应用齐次变换矩阵确定一个物体(制造部件、机械手或移动机器人本体) 移动后的位置，需要将一个物体进行数学表示。假设我们感兴趣的物体是被一个球面包围的，它可描述成一个 $4 \times N$ 矩阵。这里 N 表示代表选择描述物体的顶点。有两种方法描述物体。我们可以考虑物体坐标系的原点在空间的任意位置(图 2-6(a))，描述一个具有 N 个顶点物体的通用的矩阵表示如下：

$$M_{\text{object}} = \begin{bmatrix} x_0 & x_1 & \cdots & x_{N-1} \\ y_0 & y_0 & \cdots & y_{N-1} \\ z_0 & z_0 & \cdots & z_{n-1} \\ 1 & 1 & \cdots & 1 \end{bmatrix} \tag{2-27}$$

另一种选择，可以考虑物体坐标系的原点固连于物体自身的特征点(通常为其重心)，并相应地推导物体的描述矩阵(图 2-6(b))。要记住：不管在哪种情况下，齐次变换矩阵的初始状态，参考坐标系与物体坐标系是重合的。

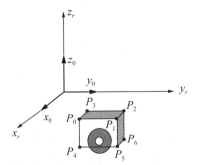

（a）物体坐标系 x_0, y_0, z_0 的原点选在空间的任意位置

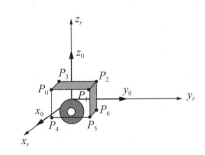

（b）物体的重心被设为物体坐标系的原点

图 2-6

让我们考虑如图 2-6(b) 所示的类机器人的物体，它由 8 个在直角(笛卡儿) 坐标系中

表示的顶点$(P_0, P_1, \cdots, P_7)$来描述。固定坐标系的原点选在物体的重心。假设物体是一个边长为A的立方体，则相应的描述顶点P_0的列向量为$[A/2 \quad -A/2 \quad A/2 \quad 1]^T$，描述顶点$P_1$的列向量为$[A/2 \quad A/2 \quad A/2 \quad 1]$，依此类推，描述物体的矩阵可写成如下形式：

$$M_{obj} = \begin{bmatrix} A/2 & A/2 & -A/2 & -A/2 & A/2 & A/2 & -A/2 & -A/2 \\ -A/2 & A/2 & A/2 & -A/2 & -A/2 & A/2 & A/2 & -A/2 \\ A/2 & A/2 & A/2 & A/2 & -A/2 & -A/2 & -A/2 & -A/2 \\ 1 & 1 & 1 & 1 & 1 & 1 & 1 & 1 \\ P_0 & P_1 & P_2 & P_3 & P_4 & P_5 & P_6 & P_7 \end{bmatrix} \quad (2\text{-}28)$$

现在我们对刚描述过的刚体实施一次移动和一次转动，这些运动将由一个4×4的转移矩阵H描述，则物体的初始和最终位置的关系为

$$M_{obj\_new} = H \times M_{obj\_start} \quad (2\text{-}29)$$

式中，M_{obj_start}是物体初始位置的描述矩阵；M_{obj_new}是变换后新的矩阵。这个方程的扩展形式为

$$\begin{bmatrix} x'_0 & x'_1 & \cdots & x'_{N-1} \\ y'_0 & y'_1 & \cdots & y'_{N-1} \\ z'_0 & z'_1 & \cdots & z'_{N-1} \\ 1 & 1 & \cdots & 1 \end{bmatrix} = \begin{bmatrix} & R & & K \\ 0 & 0 & 0 & 1 \end{bmatrix} \times \begin{bmatrix} x^0 & x_1 & \cdots & x_{N-1} \\ y_0 & y_0 & \cdots & y_{N-1} \\ z_0 & z_0 & \cdots & z_{N-1} \\ 1 & 1 & \cdots & 1 \end{bmatrix} \quad (2\text{-}30)$$

在等式左边的矩阵代表物体的顶点在变换后新的位置；等式右边依次为代表变换矩阵和物体的顶点在初始坐标系中的描述矩阵。

2.4 机器人的移动

移动机器人的移动机构形式主要有：车轮式移动机构、履带式移动机构和腿足式移动机构。此外，还有步进式移动机构、蠕动式移动机构、混合式移动机构和蛇行式移动机构等，这些形式适合于各种特别的场合。

2.4.1 车轮型移动机构

车轮型移动机构可按车轮数来分类。

1. 两轮车

人们把非常简单、便宜的自行车或两轮摩托车用在机器人上的试验很早就进行了。但是人们很容易地就认识到两轮车的速度、倾斜等物理量精度不高，而进行机器人化所需简单、便宜、可靠性高的传感器也很难获得。此外，两轮车制动时以及低速行走时也极不稳定。图2-7是装备了陀螺仪的两轮车。人们在驾驶两轮车时，依靠手的操作和重心的移动

才能稳定地行驶，这种装备了陀螺仪的两轮车，把与车体倾斜成比例的力矩作用在轴系上，利用陀螺效应使车体稳定。

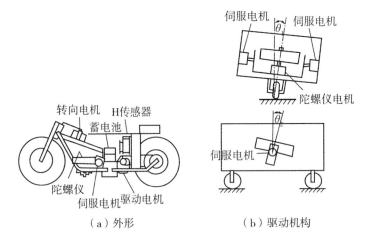

（a）外形　　　　　　　（b）驱动机构

图 2-7　装备了陀螺仪的两轮车

2. 三轮车

三轮移动机构是车轮型机器人的基本移动机构，其原理如图 2-8 所示。

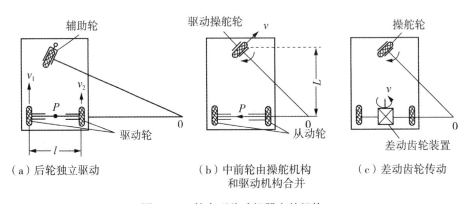

（a）后轮独立驱动　　　（b）中前轮由操舵机构　　　（c）差动齿轮传动
　　　　　　　　　　　　　　和驱动机构合并

图 2-8　三轮车型移动机器人的机构

图 2-8(a)是后轮用两轮独立驱动，前轮用小脚轮构成的辅助轮组合而成。这种机构的特点是机构组成简单，而且旋转半径可从 0 到无限大任意设定。但是它的旋转中心是在连接两驱动轴的连线上，所以旋转半径即使是 0，旋转中心也与车体的中心不一致。

图 2-8(b)中的前轮由操舵机构和驱动机构合并而成。与图 2-8(a)相比，操舵和驱动的驱动器都集中在前轮部分，所以机构复杂，其旋转半径可以从 0 到无限大连续变化。

图 2-8 (c)是为避免图 2-8 (b)机构的缺点，通过差动齿轮进行驱动的方式。近来不再用差动齿轮，而采用左右轮分别独立驱动的方法。

3. 四轮车

四轮车的驱动机构和运动基本上与三轮车相同。图 2-9(a)是两轮独立驱动,前后带有辅助轮的方式。与图 2-8(a)相比,当旋转半径为 0 时,因为能绕车体中心旋转,所以有利于在狭窄场所改变方向。图 2-9(b)是汽车方式,适合于高速行走,稳定性好。

根据使用目的,还有使用六轮驱动车和车轮直径不同的轮胎车,也有的提出利用具有柔性机构车辆的方案。图 2-10 是火星探测用的小漫游车的例子,它的轮子可以根据地形上下调整高度,提高其稳定性,适合在火星表面运行。

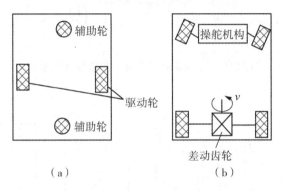

（a） （b）

图 2-9 四轮车的驱动机构和运动

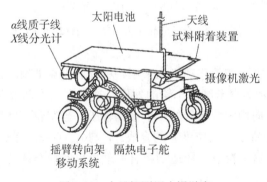

图 2-10 火星探测用小漫游车

4. 全方位移动车

前面的车轮式移动机构基本是两个自由度的,因此不可能简单地实现车体任意的定位和定向。机器人的定位可通过控制四轮车各轮的转向角来实现。全方位移动机构能够在保持机体方位不变的前提下沿平面上任意方向移动。有些全方位车轮机构除具备全方位移动能力外,还可以像普通车辆那样改变机体方位。由于这种机构的灵活操控性能,特别适合于窄小空间(通道)中的移动作业。

图 2-11 是一种全轮偏转式全方位移动机构的传动原理图。行走电机 M_1 从运转时,通过蜗杆蜗轮副 5 和锥齿轮副 2 带动车轮 1 转动。当转向电机 M_2 运转时,通过另一对蜗杆蜗轮副 6、齿轮副 9 带动车轮支架 10 适当偏转。当各车轮采取不同的偏转组合,并配以

相应的车轮速度后，便能够实现如图 2-12 所示的不同移动方式。

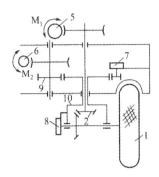

图 2-11　全轮偏转式全方位车轮传动原理图

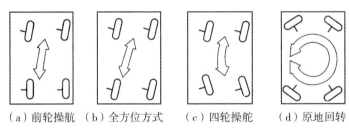

（a）前轮操航　（b）全方位方式　（c）四轮操舵　（d）原地回转

图 2-12　全轮偏转全方位车辆的移动方式

　　应用更为广泛的全方位四轮移动机构采用一种称为麦克纳姆轮（Mecanum wheels）的新型车轮。图 2-13(a)所示为麦卡纳姆车轮的外形，这种车轮由两部分组成，即主动的轮毂和沿轮毂外缘按一定方向均匀分布着的多个被动辊子。当车轮旋转时，轮芯相对于地面的速度 v 是轮毂速度 v_h 与辊子滚动速度 u 的合成，u 与 v_h 有一个偏离角 θ，如图 2-13(b)所示。由于每个车轮均有这个特点，经适当组合后就可以实现车体的全方位移动和原地转向运动，见图 2-14。

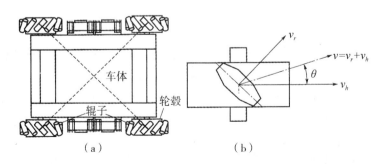

（a）　　　　　　　　　　　　（b）

图 2-13　麦克纳姆车轮及其速度合成

（a）纵向　　　　　　　（b）横向　　　　　　　（c）转向

图 2-14　麦克纳姆车辆的速度配置和移动方式

2.4.2　履带式移动机构

履带式机构称为无限轨道方式，其最大特征是将圆环状的无限轨道履带卷绕在多个车轮上，使车轮不直接与路面接触。利用履带可以缓冲路面状态，因此可以在各种路面条件下行走。

与轮式移动机构相比，履带式移动机构有如下特点：

（1）支承面积大，接地比压小。适合于松软或泥泞场地进行作业，下陷度小，滚动阻力小，通过性能较好。

（2）越野机动性好，爬坡、越沟等性能均优于轮式移动机构。

（3）履带支承面上有履齿，不易打滑，牵引附着性能好，有利于发挥较大的牵引力。

（4）结构复杂，重量大，运动惯性大，减振性能差，零件易损坏。

常见的履带传动机构有拖拉机、坦克等，这里介绍几种特殊的履带结构。

1. 卡特彼勒（Caterpillar）高架链轮履带机构

高架链轮履带机构是美国卡特彼勒公司开发的一种非等边三角形构形的履带机构，将驱动轮高置，并采用半刚性悬挂或弹件悬挂装置，如图 2-15 所示。

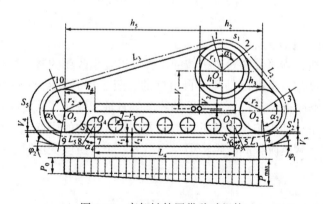

图 2-15　高架链轮履带移动机构

与传统的履带行走机构相比，高架链轮弹性悬挂行走机构具有以下特点。

（1）将驱动轮高置，不仅隔离了外部传来的载荷，使所有载荷都由悬挂的摆动机构和枢轴吸收而不直接传给驱动链轮。驱动链轮只承受扭转载荷，而且使其远离地面环境，减少由于杂物带入而引起的链轮齿与链节间的磨损。

（2）弹性悬挂行走机构能够保持更多的履带接触地面，使载荷均布。因此，同样机重情况下可以选用尺寸较小的零件。

（3）弹性悬挂行走机构具有承载能力大、行走平稳、噪声小、离地间隙大和附着性好等优点，使机器在不牺牲稳定性的前提下，具有更高的机动灵活性，减少了由于履带打滑而导致的功率损失。

（4）行走机构各零部件检修容易。

2. 形状可变履带机构

形状可变履带机构指履带的构形可以根据需要进行变化的机构。图 2-16 是一种形状可变履带的外形。它由两条形状可变的履带组成，分别由两个主电机驱动。当两履带速度相同时，实现前进或后退移动；当两履带速度不同时，整个机器实现转向运动。当主臂杆绕履带架上的轴旋转时，带动行星轮转动，从而实现履带的不同构形，以适应不同的移动环境。

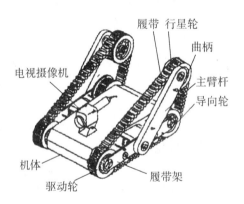

图 2-16　形状可变履带移动机构

3. 位置可变履带机构

位置可变履带机构指履带相对于机体的位置可以发生改变的履带机构。这种位置的改变可以是一个自由度的，也可以是两个自由度的。图 2-17 所示为一种两个自由度的变位履带移动机构。各履带能够绕机体的水平轴线和垂直轴线偏转，从而改变移动机构的整体构形。这种变位履带移动机构集履带机构与全方位轮式机构的优点于一身，当履带沿一个自由度变位时，用于爬越阶梯和跨越沟渠；当沿另一个自由度变位时，可实现车轮的全方位行走方式。

2.4.3　腿足式移动机构

履带式移动机构虽可以在高低不平的地面上运动，但是它的适应性不强，行走时晃动

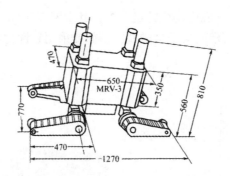

图 2-17 二自由度变位履带移动机构

较大，在软地面上行驶时效率低。根据调查，地球上近一半的地面不适合于传统的轮式或履带式车辆行走。但是一般的多足动物却能在这些地方行动自如，显然，足式移动机构在这样的环境下有独特的优势。

(1)足式移动机构对崎岖路面具有很好的适应能力，足式运动方式的立足点是离散的点，可以在可能到达的地面上选择最优的支撑点，而轮式和履带式移动机构必须面临最坏的地形上的几乎所有的点。

(2)足式运动方式还具有主动隔振能力，尽管地面高低不平，机身的运动仍然可以相当平稳。

(3)足式行走机构在不平地面和松软地面上的运动速度较高、能耗较少。

现有的足式移动机器人的足数分别为单足、双足、三足和四足、六足、八足甚至更多。足的数目多，适合于重载和慢速运动。实际应用中，由于双足和四足具有最好的适应性和灵活性，也最接近人类和动物，所以用得最多。图 2-18 所示是日本开发的仿人机器人 ASIMO，图 2-19 所示为机器狗。

图 2-18 仿人机器人 ASIMO

图 2-19 机器狗

2.4.4 其他形式的移动机构

为了特殊的目的，还研发了各种各样的移动机构，如壁面上吸附式移动机构、蛇形机构等。图 2-20 所示为能在壁面上爬行的机器人，其中图 2-20(a) 是用吸盘交互地吸附在壁面上来移动，图 2-20(b) 所示的滚子是磁铁，壁面要采用磁性材料。图 2-21 所示是蛇形机器人。

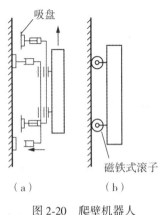

图 2-20　爬壁机器人

图 2-21　蛇形机器人

2.5　机器人的传动

机器人的传动机构用来把驱动器的运动传递到关节和动作部位。机器人常用的传动机构有丝杠传动机构、齿轮传动机构、螺旋传动机构、带及链传动、连杆及凸轮传动等。

2.5.1　丝杠传动

机器人传动用的丝杠具备结构紧凑、间隙小和传动效率高等特点。

1. 滚珠丝杠

滚珠丝杠的丝杠和螺母之间装了很多钢球，丝杠或螺母运动时钢球不断循环，运动得以传递。因此，即使丝杠的导程角很小，也能得到 90% 以上的传动效率。

滚珠丝杠可以把直线运动转换成回转运动，也可以把回转运动转换成直线运动。滚珠丝杠按钢球的循环方式分为钢球管外循环方式、靠螺母内部 S 状槽实现钢球循环的内循环方式和靠螺母上部导引板实现钢球循环的导引板方式，如图 2-22 所示。

由丝杠转速和导程得到的直线进给速度：

$$v = 60ln$$

式中，v 为直线运动速度，m/s；l 为丝杠的导程，m；n 为丝杠的转速，r/min。

2. 行星轮式丝杠

行星轮式丝杠以高载荷和高刚性为目的。该丝杠多用于精密机床的高速进给，从高速性和高可靠性来看，也可用在大型机器人的传动，其原理如图 2-23 所示。螺母与丝杠轴之间有与丝杠轴啮合的行星轮，装有 7~8 套行星轮的系杆可在螺母内自由回转，行星轮

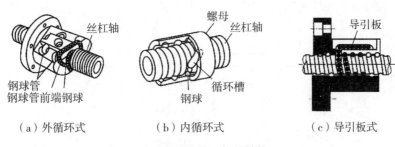

（a）外循环式　　　　（b）内循环式　　　　（c）导引板式

图 2-22　滚珠丝杠的结构

的中部有与丝杠轴啮合的螺纹，其两侧有与内齿轮啮合的齿。将螺母固定，驱动丝杠轴，行星轮便边自转边相对于内齿轮公转，并使丝杠轴沿轴向移动。行星轮式丝杠具有承载能力大、刚度高和回转精度高等优点，由于采用了小螺距，因而丝杠定位精度也高。

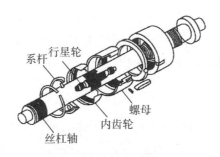

图 2-23　行星轮式丝杠

2.5.2　带传动与链传动

带传动和链传动用于传递平行轴之间的回转运动，或把回转运动转换成直线运动。机器人中的带传动和链传动分别通过带轮或链轮传递回转运动，有时还用来驱动平行轴之间的小齿轮。

1. 齿形带传动

如图 2-24 所示，齿形带的传动面上有与带轮啮合的梯形齿。齿形带传动时无滑动，初始张力小，被动轴的轴承不易过载。因无滑动，它除了用做动力传动外还适用于定位。齿形带采用氯丁橡胶做基材，并在中间加入玻璃纤维等伸缩刚性大的材料，齿面上覆盖耐磨性好的尼龙布。用于传递轻载荷的齿形带是用聚氨基甲酸酯制造的。齿的节距用包络带轮的圆节距 p 来表示，表示方法有模数法和英寸法。各种节距的齿形带有不同规格的宽度和长度。

设主动轮和被动轮的转速为 n_a 和 n_b，齿数为 z_a 和 z_b，齿形带传动的传动比为

$$i = \frac{n_b}{n_a} = \frac{z_b}{z_a}$$

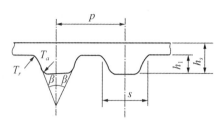

图 2-24　齿形带形状

设圆节距为 p ，齿形带的平均速度为

$$v = z_a p\, n_a = z_b p\, n_b$$

齿形带的传动功率为

$$P = Fv$$

式中， p 为传动功率，W； F 为紧边张力，N； v 为带速度，m/s。

齿形带传动属于低惯性传动，适合于电动机和高速比减速器之间使用。带上面安上滑座可完成与齿轮齿条机构同样的功能。由于它惯性小，且有一定的刚度，因此适合于高速运动的轻型滑座。

2. 滚子链传动

滚子链传动属于比较完善的传动机构，由于噪声小，效率高，因此得到了广泛的应用。但是，当高速运动时，滚子与链轮之间的碰撞产生较大的噪声和振动，只有在低速时才能得到满意的效果，即适合于低惯性载荷的关节传动。链轮齿数少，摩擦力会增加，要得到平稳运动，链轮的齿数应大于 17，并尽量采用奇数个齿。

2.5.3　齿轮传动机构

1. 齿轮的种类

齿轮靠均匀分布在轮边上的齿的直接接触来传递力矩。通常，齿轮的角速度比和轴的相对位置都是固定的。因此，轮齿以接触柱面为节面，等间隔地分布在圆周上。随轴的相对位置和运动方向的不同，齿轮有多种类型，其中主要的类型如图 2-25 所示。

2. 各种齿轮的结构及特点

(1)直齿圆柱齿轮是最常用的齿轮之一。通常，齿轮两齿啮合处的齿面之间存在间隙，称为齿隙(图 2-26)。为弥补齿轮制造误差和齿轮运动中温升引起的热膨胀的影响，要求齿轮传动有适当的齿隙，但频繁正反转的齿轮齿隙应限制在最小范围之内。齿隙可通过减小齿厚或拉大中心距来调整。无齿隙的齿轮啮合称为无齿隙啮合。

(2)斜齿轮(图 2-27)的齿带有扭曲。它与直齿轮相比具有强度高、重叠系数大和噪声小等优点。斜齿轮传动时会产生轴向力，所以应采用止推轴承或成对地布置斜齿轮，见图 2-28。

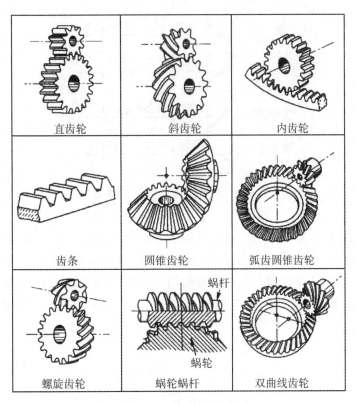

图 2-25　齿轮的类型

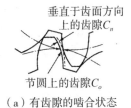

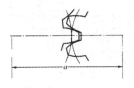

（a）有齿隙的啮合状态　　　　（b）无齿隙状态　　　　（c）拉大中心距产生齿隙

图 2-26　直齿轮的齿隙

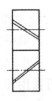

（a）斜齿轮的立体图　　　（b）斜齿轮的简化画法

图 2-27　斜齿轮

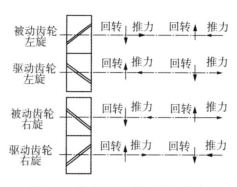

图 2-28　斜齿轮的回转方向与推力

（3）伞齿轮用于传递相交轴之间的运动，以两轴相交点为顶点的两圆锥面为啮合面，如图 2-29 所示。齿向与节圆锥直母线一致的称为直齿伞齿轮，齿向在节圆锥切平面内呈曲线的称为弧齿伞齿轮。直齿伞齿轮用于节圆圆周速度低于 5m/s 的场合；弧齿伞齿轮用于节圆圆周速度大于 5m/s 或转速高于 1000r/min 的场合，还用在要求低速平滑回转的场合。

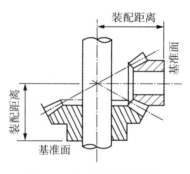

图 2-29　伞齿轮的啮合状态

（4）蜗轮蜗杆传动装置由蜗杆和与蜗杆相啮合的蜗轮组成。蜗轮蜗杆能以大减速比传递垂直轴之间的运动。鼓形蜗轮用在大负荷和大重叠系数的场合。蜗轮蜗杆传动与其他齿轮传动相比具有噪声小、回转轻便和传动比大等优点，缺点是其齿隙比直齿轮和斜齿轮大，齿面之间摩擦大，因而传动效率低。

基于上述各种齿轮的特点，齿轮传动可分为如图 2-30 所示的类型。根据主动轴和被动轴之间的相对位置和转向可选用相应的类型。

3. 齿轮传动机构的速比

（1）最优速比输出力矩有限的原动机要在短时间内加速负载，要求其齿轮传动机构的速比 u 为最优。u 可由下式求出：

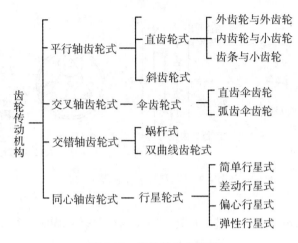

图 2-30 齿轮传动的类型

$$u = \sqrt{\frac{J_a}{J_m}}$$

式中，J_a 为工作臂的惯性矩；J_m 为电机的惯性矩。

（2）传动级数及速比的分配要求大速比时应采用多级传动。传动级数和速比的分配是根据齿轮的种类、结构和速比关系来确定的。通常的传动级数和速比关系如图 2-31 所示。

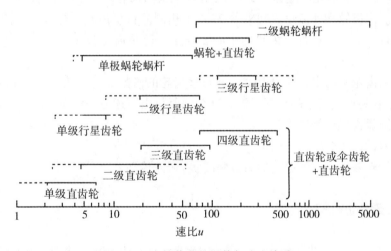

图 2-31 齿轮传动的级数与速比关系

4. 行星齿轮减速器

行星齿轮减速器大体上分为 S-C-P、3S（3K）、2S-C（2K-H）三类，结构如图 2-32 所示。

（1）S-C-P（K-H-V）式行星齿轮减速器。S-C-P 由齿轮、行星齿轮和行星齿轮支架组成。行星齿轮的中心和内齿轮中心之间有一定偏距，仅部分齿参加啮合。曲柄轴与输入轴

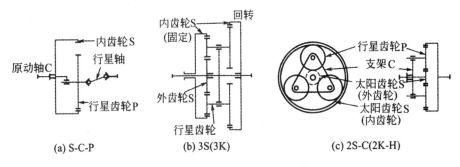

图 2-32　行星齿轮减速器形式

相连，行星齿轮绕内齿轮，边公转边自转。行星齿轮公转一周时，行星齿轮反向自转的转速取决于行星齿轮和内齿轮之间的齿数差。

行星齿轮为输出轴时传动比为 $i = \dfrac{z_S - z_P}{Z_P}$

式中，z_S 为内齿轮(太阳齿轮)的齿数；z_P 为行星齿轮的齿数。

(2)3S 式行星齿轮减速器。3S 式减速器的行星齿轮与两个内齿轮同时啮合，还绕太阳齿轮(外齿轮)公转。两个内齿轮中，固定一个时另一个齿轮可以转动，并可与输出轴相连接。这种减速器的传动比取决于两个内齿轮的齿数差。

(3)2S-C 式行星齿轮减速器。2S-C 式由两个太阳齿轮(外齿轮和内齿轮)、行星齿轮和支架组成。内齿轮和外齿轮之间夹着 2~4 个相同的行星齿轮，行星齿轮同时与外齿轮和内齿轮啮合。支架与各行星齿轮的中心相连接，行星齿轮公转时迫使支架绕中心轮轴回转。

上述行星齿轮机构中，若内齿轮 z_S 和行星齿轮的齿数 z_P 之差为 1，可得到最大减速比 $i = 1/z_P$，但容易产生齿顶的相互干涉，这个问题可由下述方法解决：

①利用圆弧齿形或钢球；

②齿数差设计成 2；

③行星齿轮采用可以弹性变形的薄椭圆状(谐波传动)。

2.5.4　谐波传动机构

如图 2-33 所示，谐波传动机构由谐波发生器、柔轮和刚轮三个基本部分组成。

1. 谐波发生器

谐波发生器是在椭圆型凸轮的外周嵌入薄壁轴承制成的部件。轴承内圈固定在凸轮上，外圈靠钢球发生弹性变形，一般与输入轴相连。

2. 柔轮

柔轮是杯状薄壁金属弹性体，杯口外圆切有齿，底部称为柔轮底，用来与输出轴相连。

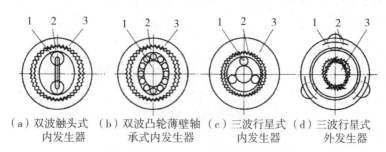

（a）双波触头式　（b）双波凸轮薄壁轴　（c）三波行星式　（d）三波行星式
　内发生器　　　承式内发生器　　　内发生器　　　外发生器

1—谐波发生器；2—柔轮；3—刚轮

图 2-33　谐波传动机构的组成和类型

3. 刚轮

刚轮内圆有很多齿，齿数比柔轮多两个，一般固定在壳体上。谐波发生器通常采用凸轮或偏心安装的轴承。刚轮为刚性齿轮，柔轮为能产生弹性变形的齿轮。当谐波发生器连续旋转时，产生的机械力使柔轮变形的过程形成了一条基本对称的和谐曲线。发生器波数表示发生器转一周时，柔轮某一点变形的循环次数。其工作原理是：当谐波发生器在柔轮内旋转时，迫使柔轮发生变形，同时进入或退出刚轮的齿间。在发生器的短轴方向，刚轮与柔轮的齿间处于啮入或啮出的过程，伴随着发生器的连续转动，齿间的啮合状态依次发生变化，即啮入—啮合—啮出—脱开啮入的变化过程。这种错齿运动把输入运动变为输出的减速运动。

谐波传动速比的计算与行星传动速比计算一样。如果刚轮固定，谐波发生器 w_1，为输入，柔轮 w_2 为输出，则速比 $i_{12} = \dfrac{w_1}{w_2} = -\dfrac{z_r}{z_g - z_r}$。如果柔轮静止，谐波发生器 w_1 为输入，刚轮 w_3 为输出，则速比 $i_{13} = \dfrac{w_1}{w_3} = \dfrac{z_g}{z_g - z_r}$，其中，$z_r$ 为柔轮齿数；z_g 为刚轮齿数。

柔轮与刚轮的轮齿周节相等，齿数不等，一般取双波发生器的齿数差为 2，三波发生器齿数差为 3。双波发生器在柔轮变形时所产生的应力小，容易获得较大的传动比。三波发生器在柔轮变形所需要的径向力大，传动时偏心变小，适用于精密分度。通常推荐谐波传动最小齿数在齿数差为 2 时，$z_{min} = 150$；齿数差为 3 时，$z_{min} = 225$。

谐波传动的特点是结构简单、体积小、重量轻、传动精度高、承载能力大、传动比大，且具有高阻尼特性。但柔轮易疲劳，扭转刚度低，且易产生振动。

此外，也有采用液压静压波发生器和电磁波发生器的谐波传动机构，图 2-34 为采用液压静压波发生器的谐波传动示意图。凸轮 1 和柔轮 2 之间不直接接触，在凸轮 1 上的小孔 3 与柔轮内表面有大约 0.1mm 的间隙。高压油从小孔 3 喷出，使柔轮产生变形波，从而产生减速驱动谐波传动，因为油具有很好的冷却作用，能提高传动速度。此外还有利用电磁波原理波发生器的谐波传动机构。

谐波传动机构在机器人中已得到广泛应用。美国送到月球上的机器人，苏联送上月球的移动式机器人"登月者"，德国大众汽车公司研制的 Rohren、GerotR30 型机器人和法国雷诺公司研制的 Vertica180 型等机器人都采用了谐波传动机构。

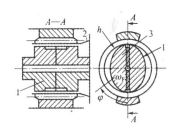

图 2-34　液压静压波发生器谐波传动

2.5.5　连杆与凸轮传动

重复完成简单动作的搬运机器人(固定程序机器人)中广泛采用杆、连杆与凸轮机构。例如,从某位置抓取物体放到另一位置上的作业。连杆机构的特点是用简单的机构可得到较大的位移,而凸轮机构具有设计灵活、可靠性高和形式多样等特点。外凸轮机构是最常见的机构,它借助于弹簧可得到较好的高速性能。内凸轮驱动时要求有一定的间隙,其高速性能劣于前者。圆柱凸轮用于驱动摆杆,而摆杆在与凸轮回转方向平行的面内摆动。如图 2-35、图 2-36 所示。

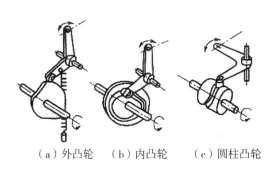

（a）外凸轮　　（b）内凸轮　　（c）圆柱凸轮

图 2-35　凸轮机构

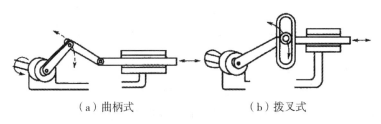

（a）曲柄式　　　　　　　　（b）拨叉式

图 2-36　连杆机构

第3章　机器人常用传感器

从机器的发展过程来看，第一代机器人是不具有感知和反馈功能的，属于示教型机器人。从第二代机器人开始，机器人对外界环境具有了一定的感知能力，具有视觉、触觉、听觉等功能。随着机器人技术的发展，为了检测作业对象、环境或机器人与对象的关系，在机器人上安装触觉、视觉、力觉、听觉等传感器，进行定位和控制。使机器人实现类似人类的感知能力是机器人发展的未来趋势。

3.1　传感器概述

3.1.1　传感器的定义

根据中华人民共和国国标标准（GB 7665—2005），传感器（transducer/sensor）的定义是：能感受规定的被测量并按照一定的规律转换成可用输出信号的器件或装置。传感器一般由敏感元件、转换元件和转换电路三部分组成：

（1）敏感元件（sensitive element）：直接感受被测量，并输出与被测量成确定关系的物理量。

（2）转换元件（transduction element）：以敏感元件的输出为输入，并转换成电路参数。

（3）转换电路（transduction circuit）：将上述电路参数进一步转换成电流或电压等电量输出。

有些传感器组成简单，仅由一个敏感元件（兼作转换元件）组成，它可直接输出电量信号；有些传感器由敏感元件和转换元件组成，不需要转换电路；有些传感器，转换元件不止一个，需要经过若干次转换。

3.1.2　传感器的分类

传感器种类繁多，目前常用的分类方法有两种：一种是以被测量来分，另一种是以传感器的工作原理来分。

1. 按被测量分类

这种分类方法是按被测量的性质不同而定。常见的分类方式有热工参量、机械量、物性和成分量以及状态量。各类传感器又分为若干种，如表 3-1 所示。例如，热工参量类有润滑油温度传感器、冷却水压力传感器、潜艇舱室气压传感器、流量传感器等；机械量类有机体振动加速度传感器、轴位移传感器、转速传感器、噪声传感器、力矩传感器等；物性与成分量类有可燃气体浓度计、密度计、盐度计、黏度计等；状态量类有材料缺陷检测类、气(液)压力泄漏检测类、表面粗糙度检测类等。

表 3-1　　　　　　　　　　　　　　按被测量分类

被测量类别	被　测　量
热工参量	温度、压力、压差、真空度、流量、流速、风速等
机械量	振动、位移(线位移、角位移)、速度、加速度、噪声、力、力矩、应力、重量、质量、转速、线速度等
物性和成分量	气体化学成分、液体化学成分；酸碱度(pH)、盐度、浓度、黏度、密度等
状态量	颜色、透明度、磨损量、材料内部裂缝或缺陷、气体泄漏、表面质量等

2. 按工作原理分类

这种分类方法是从物理、化学等学科的原理、规律和效应为基础，依据传感器的工作原理而划分，可分为：电阻式、电容式、电感式、磁电式、压电式、光电式、热电式、气敏、红外、超声、光纤等。

表 3-2　　　　　　　　　　　　按传感器的工作原理来分类

传感器类型	工作原理	传感器类型	工作原理
电阻式	安装在发生应变的物体上的金属电阻值变化。可分为：电阻应变式、电位计式、热电阻式等	热电式	利用热电效应，被测量的变化导致温度变化，从而产生热电动势的变化。可分为：热电偶式、热电阻式等
电容式	被测量变化导致电容器电容量变化。可分为变极距型、变面积型、变介质型等	气敏式	气敏薄膜与待测气体相互作用(化学作用或生物作用，或物理吸附)导致声波器件表面波频率的变化。可分为：半导体式、非半导体式
电感式	利用电磁感应定律，被测量变化导致电感量变化。可分为：自感式、互感式等	红外式	利用红外辐射与物质相互作用所呈现的电学效应，完成被测物理量的测量。红外探测器可分为：热探测器和光子探测器
磁电式	利用电磁感应定律，被测量变化导致线圈内的感应电势变化。可分为：磁电感应式、霍尔式等	超声式	利用超声波特性，将超声波信号转换成电信号，对被测量进行测量

续表

传感器类型	工作原理	传感器类型	工作原理
压电式	利用压电效应，安装在受外力作用的物体上的压电材料表面产生电荷。可分为：压电式测力传感器、压电式压力传感器、压电式加速度传感器等	光纤式	被测量与调制光相互作用，导致光学性质(如光的强度、波长、频率、相位、偏振态等)变化。可分为：功能型和非功能型
光电式	利用光电效应，被测量变化导致光信号的变化。可分为：模拟式光电传感器、数字式光电传感器等		

3.1.3 传感器技术的发展

综合当前的科技发展现状和趋势以及对传感器的需求和要求，传感器技术的主要发展方向，一是重视基础研究；二是实现传感器的集成化与智能化。

1. 基础研究

(1)研究和探索新效应，开发新型传感技术。

随着知识结构的完善和对自然认识的深化，科学家一方面从科学的角度诠释当前各种待解的现象和效应；另一方面也在不断地探索和发现新现象与新效应。利用物理现象、化学反应和生物效应是开发新型传感技术工作基础，利用这些新的效应可研制出相应的新型传感器，提高传感器性能和拓展传感器的应用范围。

(2)采用新型材料、新工艺，提高传感器的性能。

近年来，在传感器技术领域，所应用的新型材料主要有导体、半导体、石英晶体、功能陶瓷等。随着光导纤维、纳米材料、超导材料、人工智能材料等具有新效应的敏感功能材料相继问世，以及在传感器的制造中应用精密加工技术，极大地提高了传感器的性能指标，并为传感器的集成化、微型化提供了技术支撑。

2. 传感器的集成化和智能化

(1)传感器的集成化。

利用 IC 的集成制造技术，在微电子机械系统(MEMS)技术基础上，将敏感元件、测量电路、放大电路、补偿电路、运算电路等制作在同一芯片上，从而使传感器具有体积小、质量轻、自动化程度高、制造成本低、抗干扰能力强、稳定性和可靠性高等优点。

(2)传感器的智能化。

以微处理器为核心单元，具有检测、信息处理和诊断等功能。硬件上，由微处理器系统对整个传感器电路、接口、信号转换进行处理调整；软件上，可进行非线性校正，误差的自动校准和数字滤波处理，从而形成传感技术的智能化系统。与一般传感器相比，智能化传感器具有以下几个显著特点：

①精度高：由于智能化传感器具有信息处理的功能，因此通过软件不仅可以修正各种确定性系统误差(如传感器输入输出的非线性误差、温度误差、零点误差、正反行程误差等)，而且还可以适当地补偿随机误差，降低噪声，从而使传感器的精度大大提高。

②稳定、可靠性好：具有自诊断、自校准和数据存储功能，对于智能结构系统还有自适应功能。

③检测与处理方便：不仅具有一定的可编程自动化能力，可根据检测对象或条件的改变，方便地改变量程及输出数据的形式等，而且输出数据可通过串行或并行通信线直接送入远程计算机进行处理。

④功能广：不仅可以实现多传感器多参数综合测量，扩大测量与使用范围，而且可以有多种形式输出(如 RS-232 串行输出，PIO 并行输出，IEEE-488 总线输出以及经 D/A 转换后的模拟量输出等)。

⑤性能价格比高：在相同精度条件下，多功能智能式传感器与单一功能的普通传感器相比，其性能价格比高，尤其是在采用比较便宜的单片机后更为明显。

3.2　机器人对传感器的要求

机器人依靠传感器感知自身状态和环境信息，智能传感器的使用提高了机器人的机动性、适应性和智能化水平。人类的感受系统对感知外部世界信息是极其微妙的，然而对于一些特殊的信息，传感器比人类的感受系统更有效。

3.2.1　对传感器基本性能的要求

(1)精度高。精度定义为传感器的输出值与期望值的接近程度。对于给定输入，传感器有一个期望输出，而精度则与传感器的输出和该期望值的接近程度有关。机器人传感器的精度直接影响机器人的工作质量。用于检测和控制机器人运动的传感器是控制机器人定位精度的基础。机器人是否能够准确无误地正常工作，往往取决于传感器的测量精度。

(2)重复性好。对同样的输入，如果对传感器的输出进行多次测量，那么每次输出都可能不一样。重复精度反映了传感器多次输出之间的变化程度。通常，如果进行足够次数的测量，那么就可以确定一个范围，它能包括所有在标称值周围的测量结果，那么这个范围就定义为重复精度。通常重复精度比精度更重要，在多数情况下，不准确度是由系统误差导致的，因为它们可以预测和测量，所以可以进行修正和补偿。重复性误差通常是随机的，不容易补偿。

(3)稳定性好，可靠性高。机器人传感器的稳定性和可靠性是保证机器人能够长期稳定可靠地工作的必要条件。机器人经常是在无人照管的条件下代替人来操作的，如果它在工作中出现故障，轻则影响生产的正常进行，重则造成严重人员、设备事故，可能导致重大的经济损失。

（4）抗干扰能力强。机器人传感器的工作环境比较恶劣，它应当能够承受强电磁干扰、强振动，并能够在一定的高温、高压、高污染的环境中正常工作。

（5）质量小、体积小、安装方便可靠。对于安装在机器人操作臂等运动部件上的传感器，质量要小，否则，会加大运动部件的惯性，减少总的有效载荷，影响机器人的运动性能。对于工作空间受到某种限制的机器人，对体积和安装方向的要求也是必不可少的。例如，关节位移传感器必须与关节的设计相适应，并能与机器人总的其他部件一起移动，但关节周围可利用的空间可能会受到限制。另外，体积庞大的传感器可能会限制关节的运动范围。因此，确保给关节传感器留下足够的空间非常重要。

（6）价格适当。传感器的价格是需要考虑的重要因素，尤其在一台机器需要使用多个传感器时更是如此。然而价格必须与其他设计要求相平衡，例如可靠性、传感器数据的重要性、精度和寿命等。

（7）输出类型（数字式或模拟式）的选择。根据不同的应用，传感器的输出可以使数字量也可以是模拟量，它们可以直接使用，也可能必须对其进行转换后才能使用。例如，电位器的输出是模拟量，而编码器的输出则是数字量。如果编码器连同微处理器一起使用，其输出可直接传输至微处理器的输入端，而电位器的输出则必须利用模数转换器（ADC）转变成数字信号。哪种输出类型比较合适必须结合其他要求进行折中考虑。

（8）接口匹配。传感器必须能与其他设备相连接，如微处理器和控制器。如果传感器与其他设备的接口不匹配或两者之间需要其他的额外电路，那么需要解决传感器与设备间的接口问题。

3.2.2　对传感器工作任务的要求

在现代工业中，机器人被用于执行各种加工任务，其中比较常见的加工任务有物料搬运、装配、喷漆、焊接、检验等。不同的加工任务对机器人提出不同的感觉要求。

多数搬运机器人目前尚不具有感觉能力，它们只能在指定的位置上拾取确定的零件。而且，在机器人拾取零件以前，除了需要给机器人定位以外，还需要采用某种辅助设备或工艺措施，给被拾取的零件准确定位和定向，这就使得加工工序或设备更加复杂。如果搬运机器人具有视觉、触觉和力觉等感觉能力，就会改善这种状况。视觉系统用于被拾取零件的粗定位，使机器人能够根据需要，寻找应该拾取的零件，并确定该零件的大致位置。触觉传感器用于感知被拾取零件的存在、确定该零件的准确位置，以及确定该零件的方向。触觉传感器有助于机器人更加可靠地拾取零件。力觉传感器主要用于控制搬运机器人的夹持力，防止机器人手爪损坏被抓取的零件。

装配机器人对传感器的要求类似于搬运机器人，也需要视觉、触觉和力觉等感觉能力。通常，装配机器人对工作位置的要求更高。现在，越来越多的机器人正进入装配工作领域，主要任务是销、轴、螺钉和螺栓等装配工作。为了使被装配的零件获得对应的装配位置，采用视觉系统选择合适的装配零件，并对它们进行粗定位，机器人触觉系统能够自动校正装配位置。

喷漆机器人一般需要采用两种类型的传感系统：一种主要用于位置（或速度）的检测；

另一种用于工作对象的识别。用于位置检测的传感器，包括光电开关、测速码盘、超声波测距传感器、气动式安全保护器等。待漆工件进入喷漆机器人的工作范围时，光电开关立即接通，通知正常的喷漆工作要求。超声波测距传感器一方面可以用于检测待漆工件的到来；另一方面用来监视机器人及其周围设备的相对位置变化，以避免发生相互碰撞。一旦机器人末端执行器与周围物体发生碰撞，气动式安全保护器会自动切断机器人的动力源，以减少不必要的损失。现代生产经常采用多品种混合加工的柔性生产方式，喷漆机器人系统必须同时对不同种类的工件进行喷漆加工，要求喷漆机器人具备零件识别功能。为此，当待漆工件进入喷漆作业区时，机器人需要识别该工件的类型，然后从存储器中取出相应的加工程序进行喷漆。用于这项任务的传感器，包括阵列触觉传感系统和机器人视觉系统。由于制造水平的限制，阵列式触觉传感系统只能识别哪些形状比较简单的工件，较为复杂的工件的识别则需要采用视觉系统。

焊接机器人包括点焊机器人和弧焊机器人两类。这两类机器人都需要用位置传感器和速度传感器进行控制。位置传感器主要是采用光电式增量盘码，也可以采用较精密的电位器。根据现在的制造水平，光电式增量码盘具有较高的检测精度和较高的可靠性，但价格昂贵。速度传感器目前主要采用测速发电机，其中交流测速发电机的线性度比较高，且正弦与反向输出特性比较对称，比直流测速发电机更适合于弧焊机器人使用。为了检测点焊机器人与待焊工件的接近情况，控制点焊机器人的运动速度，点焊机器人还需要装备接近度传感器。如前所述，弧焊机器人对传感器有一个特殊要求，需要采用传感器使焊枪沿焊缝自动定位，并且自动跟踪焊缝，目前完成这一功能的常见传感器有触觉传感器、位置传感器和视觉传感器。

环境感知能力是移动机器人除了运动之外最基本的一种能力，感知能力的高低直接决定了一个移动机器人的智能性，而感知能力是由感知系统决定的。移动机器人的感知系统相当于人的五官和神经系统，是机器人获取外部环境信息及进行内部反馈控制的工具，它是移动机器人最终的部分之一。移动机器人的感知系统通常由多种传感器组成，这些传感器处于连接外部环境与移动机器人的接口位置，是机器人获取信息的窗口。机器人用这些传感器采集各种信息，然后采取适当的方法，将多个传感器获取的环境信息加以综合处理，控制机器人进行智能作业。

机器人用传感器来感受自身的状态，并依靠传感器完成执行的动作。传感器的主要作用是给机器人输入必要的状态信息。一台工业机器人需要多个传感器共同协作才能完成工作。机器人在使用中需要实时地掌握自己的工作状态，并进行监控，这些都离不开传感器。传感器是工业机器人的感知器官，机器人依赖其提供必要的感知信息。从使用功能出发，力觉、触觉、视觉最为重要，早已进入实用阶段，听觉也有较大进展，其他还有嗅觉、味觉、滑觉等，对应有多种传感器。目前，针对工业机器人传感器的研究主要是多传感器的融合算法，将多种功能融合于一个传感器中，并进行实用化，能够使机器人准确地进行环境建模。图 3-1 给出了工业机器人传感器作用示意图。

传感器的基本工作原理是：根据被测量的性质和使用的物理测量原理，以一定精度将被测量转换为与之有确定对应关系、易于精确处理和测量的某种物理量（如电信号）的过程。传感器就是实现这个过程的检测部件或感知装置。

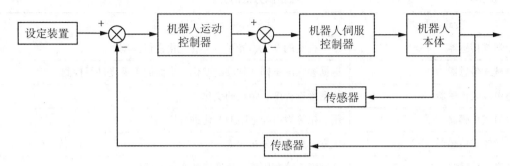

图 3-1 工业机器人传感器作用示意图

　　传感器有多种分类方法：①根据输入信息源是位于机器人的内部还是外部，传感器可以分为两大类：一类是为了感知机器人内部状况或状态的内部测量传感器，简称内传感器；另一类是为了感知外部环境状况或状态的外部测量传感器，简称外传感器。②按照其检测的内容进行分类，有检测速度的有陀螺仪，检测角度的有旋转编码器等。③按照功能进行分类，有根据接触的有无，分接触或非接触式传感器；根据有无力的法线分量，有压觉传感器和无压觉传感器。④按照检测方法分类，有光学式传感器、超声波传感器、机械式传感器、电容式传感器、磁传感器、气体传感器等。见表 3-3、表 3-4。

表 3-3　　　　　　　　　　　　　　　　　　按照功能分类

传感器种类	功　能
接触式传感器	接触的有无判断
压觉传感器	力的法线分量的大小
滑觉传感器	根据剪切力接触状态的变化
力觉/力矩/力和力矩传感器	力的大小、力矩大小、力和力矩的大小
接近度传感器	短距离的接近程度
距离传感器	距离的变化程度
角度传感器	倾斜角、旋转角、摆动角、摆动幅度
方向传感器	方向(合成加速度、作用力的方向)
姿势传感器	姿势的变化，如机械传感器、光学传感器、气体传感器
视觉传感器(主动式)	特定物体的建模、轮廓形状的识别
视觉传感器(被动式)	作业环境的识别、异常的检测等

表 3-4　　　　　　　　　　　　　　按照检测方法的分类

传感器种类	功　　能
光学式传感器	根据视觉的变化、光泽疏密的变化进行检测
机械式传感器	根据触觉的不同、软硬的变化、平面的不平度进行检测
超声波式传感器	根据接近程度、距离的变化
电阻式传感器	压、拉等力引发电阻的变化进行检测
半导体式传感器	压觉、力觉、分布触觉
电容式传感器	接近度、分布压感、角度感的变化处理
气压传感器	接近度的变化
磁传感器	接近度、触感、方位感的磁场强度变化
流体传感器	角度的变化
气体传感器	嗅觉的变化

3.3　内部传感器

　　机器人根据任务不同，配置的传感器类型和规格也不尽相同，一般情况下，机器人传感器分为内部传感器和外部传感器。所谓内传感器，就是测量机器人自身状态的功能元件。具体检测的对象有关节的线位移、角位移等几何量，速度、角速度、加速度等运动量，还有倾斜角、方位角、振动等物理量，即主要是用来采集来自机器人内部的信息（表3-5）。

表 3-5　　　　　　　　　　　　机器人内部传感器基本形式

检测内容	传感器的工作方式和种类
位置传感器	电位器、旋转变压器、码盘
速度传感器	测速发电机、码盘
加速度传感器	应变片式、伺服式、压电式、电动式
倾斜角传感器	液体示、垂直振子式
方位传感器	陀螺仪、地磁传感器

　　在内传感器中，位置传感器和速度传感器也称为伺服传感器，是机器人反馈控制中实现闭环控制、伺服动作不可缺少的元器件。通过对位置、速度数据进行一阶或二阶微分（或差分）得到速度、角速度或加速度、角加速度的数据，进行信号处理，在机器人中频繁地使用。工业机器人是高度集成的机电一体化产品，其含有内传感器和电机、轴等机械

部件，或机械结构如手臂(arm)、手腕(wrist)等安装在一起，完成位置、速度、力度的测量，实现伺服控制。

3.3.1　位置(位移)传感器

位置传感器(position sensor)是能准确地感受到被测物体的位置并转换成对应的可用输出信号的传感器，用来测量机器人自身的位置。位置传感器可分为直线位置传感器和角位置传感器。用来检测机器人的起始原点、极限位置或者确定具体位置。

位置传感器是反映某种状态的开关，有接触式和接近式。接触式传感器的触头由两个物体接触挤压而动作，其输出为0和1的高低电平变化。常见的有微型行程开关、接近开关、二维矩阵式位置传感器等。

行程开关是根据运动部件的行程位置进行切换电路的电气装置，也称限位开关，起到控制机械装备的行程和限位保护作用(图3-2)。行程开关结构简单、动作可靠、价格低廉。当物体移动部件在运动过程中，碰到行程开关时，其内部触头会动作，实现电路的切换，从而完成控制。行程开关一般安装在壳体内，使壳体对外力、水、尘埃等起到保护作用。如在加工中心的 X、Y、Z 轴方向两端分别装有行程开关，控制运动部件的移动范围，进行终端限位保护。一般要承受多次撞击震动，装置的可靠性要高，噪声要低。

图3-2　行程开关

接近开关是指当物体与其接近到设定距离时就可以发出"动作"信号的开关，利用其对接近物体的敏感特性达到控制开关接通或断开的目的，无需和物体直接接触，又称无触点行程开关，也可完成行程控制和限位保护。接近开关种类很多，主要有电磁式、光电式、差动变压器式、电涡流式、电容式、干簧管、霍尔式等。当有物体移向接近开关，并接近到一定距离时，位移传感器才有"感知"，开关才会动作，通常把这个距离叫"检出距离"。不同的接近开关检出距离也不同。有时被检测物体是按一定的时间间隔，一个接一个地移向接近开关，又一个一个地离开，这样不断地重复。不同的接近开关，对检测对象的响应能力是不同的，这种响应特性被称为"响应频率"。接近开关在数控机床上的应用主要是刀架选刀控制、工作台行程控制、油缸及汽缸活塞行程控制等。

涡流式接近开关，有时也叫电感式接近开关。它是利用导电物体在接近这个能产生电磁场接近开关时，使物体内部产生涡流，其实物及原理如图 3-3 所示。这个涡流反作用到接近开关，使开关内部电路参数发生变化，由此识别出有无导电物体移近，进而控制开关的接通或断开。这种接近开关所能检测的物体必须是导电体。在一般的工业生产场所，通常都选用涡流式接近开关和电容式接近开关，因为这两种接近开关对环境的要求条件较低。当被测对象是导电物体或可以固定在一块金属物上的物体时，一般都选用涡流式接近开关，因为它的响应频率高、抗环境干扰性能好、应用范围广、价格较低。

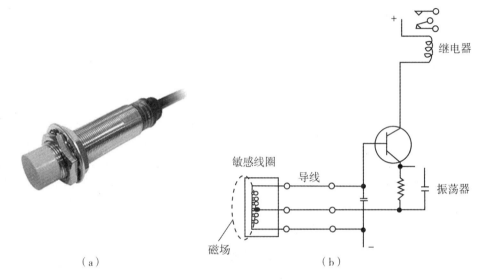

图 3-3　电涡流接近开关

电容式接近开关，这种开关的测量头通常是构成电容器的一个极板，而另一个极板是开关的外壳。这个外壳在测量过程中通常是接地或与设备的机壳相连接。当有物体移向接近开关时，不论它是否为导体，由于它的接近，总要使电容的介电常数发生变化，从而使电容量发生变化，使得和测量头相连的电路状态也随之发生变化，由此便可控制开关的接通或断开。这种接近开关检测的对象，不限于导体，可以是绝缘的液体或粉状物等。若所测对象是非金属(或金属)、液位高度、粉状物高度、塑料、烟草等，则应选用电容式接近开关。这种开关的响应频率低，但稳定性好，安装时应考虑环境因素的影响。

霍尔接近开关是利用霍尔元件做成的开关。霍尔元件是一种磁敏元件，霍尔传感器是利用霍尔现象制成的传感器。将锗等半导体置于磁场中，在一个方向通以电流时，则在垂直的方向上会出现电位差，这就是霍尔现象。将小磁体固定在运动部件上，当部件靠近霍尔元件时，便产生霍尔现象，从而判断物体是否到位。当磁性物件移近霍尔开关时，开关检测面上的霍尔元件因产生霍尔效应而使开关内部电路状态发生变化，由此识别附近有磁性物体存在，进而控制开关的接通或断开，其工作原理如图 3-4 所示。这种接近开关的检测对象必须是磁性物体。若被测物为导磁材料或者为了区别和它在一同运动的物体而把磁钢埋在被测物体内时，应选用霍尔接近开关，因为它的价格最低。

光电式接近开关是利用光电效应做成的开关。将发光器件与光电器件按一定方向装在

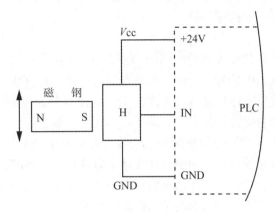

图 3-4 霍尔接近开关原理图

同一个检测头内。当有反光面(被检测物体)接近时,光电器件接收到反射光后便有信号输出,由此便可"感知"有物体接近。在环境条件比较好、无粉尘污染的场合,可采用光电接近开关。光电接近开关工作时对被测对象几乎无任何影响。现在的光电开关是由LED光源和光电二极管或光电三极管等光敏元件,相隔一定距离而构成的透光式开关。当代表基准位置的遮光片通过光源和光敏元件之间的缝隙时,光线照射不到光敏元件上,就会产生开关作用。有些光电开关将接收光源端和放大电路集成在一起,更便于应用。光电开关是非接触式检测,安装空间小,但检测精度会受到一定限制。

热释电式接近开关是用能感知温度变化的元件做成的开关。它是将热释电器件安装在开关的检测面上,当有与环境温度不同的物体接近时,热释电器件的输出就发生变化,由此便可检测出有物体接近。

其他形式的接近开关还有利用多普勒效应制成的超声波接近开关、微波接近开关等。当观察者或系统对波源的距离发生改变时,接近到的波的频率会发生偏移,这种现象称为多普勒效应。当有物体移近时,接近开关接收到的反射信号会产生多普勒频移,由此可以识别出有无物体接近。

为了提高识别的可靠性,多种接近开关往往复合使用。无论选用哪种接近开关,都应注意对工作电压、负载电流、响应频率、检测距离等各项指标的要求。

平面型位置开关是由多个开关传感器组合成二维平面矩阵形式,可以在进行面接触时监控接触位置的变化。二维矩阵式位置传感器安装于机械手掌内侧,用于检测自身与某个物体的接触位置,即通过矩阵面上不同接触点的变化来监控位置变化,实质上是多个开关的组合运用。

3.3.2 位移传感器

能够对运动过程中的不间断的位置进行测量的传感器,称为位移传感器。

测量直线位移的直线位移传感器有电位计式传感器和可调变压器两种。测量角度的角位移传感器有电位计式、可调变压器(旋转变压器)及光电编码器三种，其中光电编码器又分为增量式编码器和绝对式编码器。

1. 电阻式电位器

电阻式电位器是由环状或棒状的电阻丝和滑动片(或称为电刷)组成，滑动片的触头接触或靠近电阻丝时取出电信号，电刷与驱动器连成一体，将直线位移或转角位移转换成电阻的变化，在电路中以电流或电压的方式输出。电位器分为接触式和非接触式两大类。滑片式电位器以导电塑料电位器为主，分辨率高，线性度和稳定性好。

电阻式电位器有绕线型和薄膜型两种。绕线型电位器的测量与电位器绕线的匝数有关，输出是步进式；薄膜型电位器的表面是喷涂了阻性材料的薄膜，输出是连续的，噪声也较小。由于是滑动触头与电阻元件通过物理接触来实现位移的测量，接触点的磨损、接触不良以及外部环境都会对传感器的测量精度造成影响。

此外，也有利用电容制成的电容式电位计，灵敏度高，但测量范围小。

2. 编码器

编码器应用广泛，能够检测细微的运动，输出为数字信号。编码器有两种基本形式：增量式编码器和绝对式编码器。

增量式编码器一般用于零位不确定的位置伺服控制，在获取编码器初始位置的情况下可以给出确切位置。故在开始工作时，一般要进行复位，然后可以确定任意时刻的角位移。绝对式编码器能够得到对应于编码器初始锁定位置的驱动轴瞬时角度值，当设备受到驱动时，只要读出每个关节编码器的读数，就能够对伺服控制的给定值进行调整，以防止机器人启动时产生过于剧烈的运动。

根据检测原理，编码器分为光学式、磁式、感应式和电容式等。机器人中用得比较多的是光学编码器和磁式编码器。编码盘直接安装在电机的旋转轴上，以测出轴的旋转角度位置和速度变化，其输出电信号为电脉冲，优点是精度高、反应快，工作可靠。其码盘是由多圈弧段组成，每圈互不相同，沿径向方向各弧段的透光和不透光部分组成唯一的编码指示精确位置。增加的多圈弧段数目越大，绝对式编码器的分辨率就越高。增量式编码器有一个计数系统和变向系统，旋转的码盘通过敏感元件给出一系列脉冲，在计数中对每个基数进行加或减，从而记录了旋转方向和角位移。

光学编码器原理是利用光的各种性质，检测物体的有无和物体表面状态的变化。其检测距离长，对检测的物体限制少、响应时间短、分辨率高，可实现非接触检测。通过光强度的变化转换为电信号的变化来实现控制。传感器由三部分组成，即发送元件、接收元件和检测元件。光学编码器是在明暗方格的码盘两侧安放发光元件和光敏元件，随着码盘的旋转，光敏元件接收的光通量随方格的间距而同步变化(图 3-5 和图 3-6)。光敏元件将输出的波形经过整形后变成脉冲。根据脉冲计数，可以获取固定在码盘上的转轴的角位移，码盘可以根据不同相的相位变化，判定转轴的旋转方向。也可以通过不同相之间的逻辑运算，提供码盘的旋转分辨率。

磁式编码器原理：通过在强磁性材料表面上等间隔地记录磁化刻度标尺，在标尺旁边放置磁阻元件或霍尔元件，检测出磁通的变化，从而对与编码器相固定的转轴的角位移进行判定。

图 3-5 光学式编码器

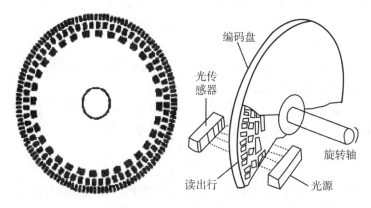

图 3-6 光学式编码器结构图

编码器通过将圆周旋转转换为线位移,可以测量直线位移,即直线的变化驱动编码器的旋转,得到与直线位移相配的脉冲信号。就完成了对直线位移的测量。即通过变换使得编码器能同时测量角位移和直线位移。

3. 可调变压器

可调变压器传感器可以测量直线位移和角位移。线性可变差接变压器可以输出模拟信号,能够检测精确位置信息。通过固定于圆棒上的磁芯随圆棒在线圈中直线运动,使得线圈绕组之间的耦合发生变化,输出电压随着变化,磁芯的位置与输出电压呈线性关系,通过检测输出电压可以确定与圆棒相连的外部物体的位移变化。旋转变压器是由铁芯、定子线圈、转子线圈组成,用来测量旋转角度的传感器。旋转变压器是一种输出电压随转子转角变化的信号元件。当励磁绕组以一定频率的交流电压励磁时,输出绕组的电压幅值与转子转角成正、余弦函数关系,或保持某一比例关系,或在一定转角范围内与转角呈线性关系。旋转变压器的工作原理是:它的原、副绕组之间相对位置因旋转而改变,其耦合情况随角度而变化。在励磁绕组(即原绕组)以一定频率的交流电压励磁时,输出绕组(即副绕组)的输出电压可与转子角度呈正弦、余弦函数关系,或在一定转角范围内呈线性关系。输出电压与转角呈正弦或余弦函数关系的称为正弦或余弦旋转变压器,输出电压与转角呈线性关系的称为线性旋转变压器。

旋转变压器的工作原理与普通变压器相似，不过能改变其相当于变压器原、副绕组的励磁绕组和输出绕组之间的相对位置，以改变两个绕组之间的互感，使输出电压与转子转角成某种函数关系。

3.3.3 速度和加速度传感器

速度和加速度传感器的工作原理往往是利用了位移的求导变换得来的，与位移的检测密不可分。由于数学处理的迅速，通过积分变换也能够快速获取系统的位移。因此通过速度传感器和加速度传感器也能够获取系统准确的位移量。速度传感器有测量平移和旋转运动速度两种，但大多数情况下，只限于测量旋转速度。利用位移的导数，特别是光电方法让光照射旋转圆盘，检测出旋转频率和脉冲数目以求出旋转角度，及利用圆盘制成有缝隙，通过两个光电二极管辨别出角速度即转速，这就是光电脉冲式转速传感器的工作原理。

此外，还有测速发电机用于测速等。测速发电机也称为转速计传感器，是基于发电机原理的速度传感器或角速度传感器。

测速发电机测量角速度的原理：如果线圈在恒定磁场中发生位移，线圈两端的感应电压 E 与线圈内交变磁通 Φ 的变化速率成正比，输出电压为

$$E = \frac{\mathrm{d}\Phi}{\mathrm{d}t}$$

测速发电机根据输出电压的变化来测量速度的变化，按照结构可以分为直流测速发电机、交流测速发电机两大类。

直流测速发电机定子为永久磁铁，转子为线圈绕组。可以测量不同的旋转速度，测速范围高，线性度较好，适合用于速度传感器。交流测速发电机中，永久交流测速发电机在转子上安装了多磁极永久磁铁，定子线圈输出与旋转速度成正比的交流电压；交流感应测速发电机通过合成的交链磁通在输出线圈中感应出与转子旋转速度成正比的电压。

应变仪即伸缩测量仪，也是一种应力传感器，用于加速度测量。加速度传感器用于测量工业机器人的动态控制信号。一般由速度测量进行推演已知质量物体加速度所产生动力，即应用应变仪测量此力进行推演。即根据与被测加速度有关的力可由一个已知质量产生。这种力可以为电磁力或电动力，最终简化为对电流的测量，即伺服返回传感器。

3.3.4 力觉传感器

力的感知对于机器人的精确操作是非常重要的。力觉传感器用于测量两物体之间作用力的三个分量和力矩的三个分量。机器人中理想的传感器是黏接在依从部件的半导体应力计。具体有金属电阻型力觉传感器、半导体型力觉传感器、其他磁性压力式和利用弦振动原理制作的力觉传感器。下面重点介绍金属电阻型力学传感器中的应变仪和测力传感器，及半导体型力觉传感器中的半导体压力传感器。

应变仪是测量外力作用下变形材料变形量的传感器，一般材料采用金属电阻丝、铂电阻应变片、半导体应变仪等。金属电阻丝通过电阻细线在受力方向上应变量的变化引发电阻的变化，从而引发电路电压的变化，建立起力与电压的对应关系。

测力传感器为精密负荷变换器，可以对压缩和拉伸变形进行检测。测量原理是在施加外力后出现的应变承载体上粘贴应变片，由应变求出作用力大小。一种用于测力的箔片式电阻应变片如图 3-7 所示。

图 3-7　箔片式电阻应变片

半导体压力传感器就是对半导体硅片的厚度蚀刻变薄，加工成易变形的隔膜，由此制作半导体应变片，能够测量气体和液体的压力，也可以做成触觉传感器和微小力的力觉传感器(图 3-8)。

图 3-8　半导体压力传感器

另外，还有转矩传感器(如用光电传感器测量转矩)、腕力传感器(如国际斯坦福研究所的由 6 个小型差动变压器组成，能测量作用于腕部 X、Y 和 Z 三个方向的动力及各轴动转矩)等。

3.3.5　光纤传感器

光纤传感器是由一束光纤构成的光缆和一个可变形的反射表面组成(图 3-9)。光通过光纤束投送到可变形的反射材料上，反射光通过光纤束返回，如果反射表面没有受力且表面平整，则通过每条光纤返回的光束是相同的；如果反射表面因为与物体接触受力而变形，则反射的光强度不同，用高速光扫描技术进行处理，则可以得到反射表面的受力情况（图 3-10）。例如，将光纤传感器安装在机械手握持面，可以用来检测机械手抓握受力情况。

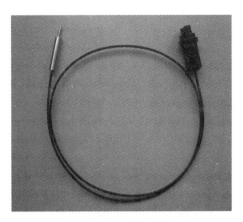

图 3-9　光纤传感器

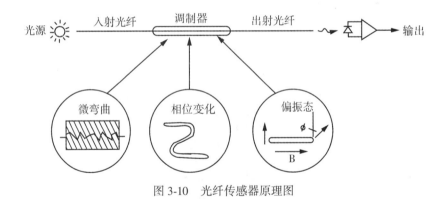

图 3-10　光纤传感器原理图

近年来，工业机器人普遍采用以交流永磁电动机为主的交流伺服系统，对应位置、速度等传感器大量应用的是各种类型的光电编码器、磁编码器和旋转变压器。

3.4　外部传感器

外部传感器主要用来采集机器人和外部环境以及工作对象之间相互作用的信息。外传感器的信号一般用于决策层，也有一些外传感器的信号被底层的伺服控制层所利用。机器人外部传感器基本类型如表 3-6 所示。

表 3-6 机器人外部传感器基本类型

检测内容	传感器的工作方式和种类
视觉传感器	二维、三维、深度
触觉传感器	位移、压力、速度
压觉传感器	单点式、高密度集成、分布式
滑觉传感器	点接触式、线接触式、面接触式
力(力矩)传感器	应变式、压电式
接近传感器	空气式、电磁式、电容式、光学式、声波式
距离传感器	超声波、激光、红外传感器
听觉传感器	语音、声音传感器
嗅觉传感器	气体识别传感器
温度传感器	热电偶、热敏电阻、红外线、IC温度传感器

以往一般工业机器人是没有外部感觉能力的,而新一代机器人如多关节机器人,特别是移动机器人、智能机器人则要求具有校正能力和适应反映环境变化的能力,外部传感器就是实现这些能力的感知装置。外部传感器种类很多,在此仅介绍以下几种:

3.4.1 触觉传感器

微型开关是触觉传感器中最常用的形式,一旦接触可引发系统状态的变化,即输入系统工作电平的变化。另有隔离式双态接触传感器(即双稳态开关半导体电路)、单模拟量传感器、矩阵传感器(压电元件的矩阵传感器、人工皮肤变电导聚合物、光反射触觉传感器等),触觉传感器均是通过一旦发生接触必会引某种物理量的变化,从而引发与之对应的电平的变化,系统由此来感知接触的形成。

3.4.2 应力传感器

工业机器人的关节进行动作时需要知道实际存在的接触、接触点的位置(定位)、接触的特性即估计受到的力的状态这三个条件,利用测量系统力学状态变化的应变仪,结合具体应力检测的环境来感知其应力变化。例如,为求出末端执行器与抓持物体间的作用力,可在接触环境面装设应力传感器,在机器人腕部装设测试仪器,或直接用传动装置作为传感器等方法来感知应力变化的状态。

3.4.3 声觉传感器

声觉传感器是用于感受和解释在气体、液体或固体中传播的声波信息的传感器。声觉传感器复杂程度可以从简单的声波存在检测到复杂的声波频率分析，还包括对连续自然语言中单独语音和词汇的辨别，从各种不同的发声中分辨出有用的信息。

3.4.4　接触式或非接触式温度传感器

近年来，温度传感器在机器人中应用较广，除常用的热敏电阻、热电偶等外，使用热电电视摄像机的感知图像来检测及感觉温度方面也取得了进展。

3.4.5　滑觉传感器

滑觉传感器用于检测物体的滑动状态，检测位于接触部分的动态位移。当要求机器人抓住特性未知的物体时，机器人手部与对象物体的接触点会产生相对位移，必须确定最适当的握力值，所以要求检测出握力不够时所产生的物体滑动信号。

滑觉传感器的结构有滚轮式和滚球式，机器人手部与被抓持的物体之间通过滚球和滚子接触，将滑动位移转换为转动信号进行处理。振动式滑觉传感器通过表面触针和物体接触，抓持物体滑动时，引发触针和物体接触产生振动，由能够检测出微小位移的压电传感器或磁场线圈传感器进行检测。

目前有利用光学系统的滑觉传感器和利用晶体接收器的滑觉传感器，后者的检测灵敏度与滑动方向无关。

3.4.6　距离传感器

用于智能移动机器人的距离传感器有激光测距仪（兼可测角）、超声测距仪、红外测距仪和声呐传感器等。通过距离的测量可以获取外部环境的深度信息、相对位置信息，机器人可以借此对物体进行定位和壁障。

不同的传感器，由于其工作原理不同，在应用中也存在不同的局限。

超声测距传感器是通过发射具有特征频率的超声波对被摄目标的探测，通过发射出特征频率的超声波和接受到反射回的特征频率超声波所用的时间，换算出距离，如超声波液位物位传感器。超声测距传感器适合需要非接触测量场合，其优点是成本低、安全、适用性广，缺点是方向性差、精度较低。

激光测距仪根据测量距离的大小不同，其原理也不同。对于小距离测量，通常是根据入射与反射夹角关系等几何原理进行测距的；对于大距离测量，一般是按照激光往返时间来计算距离的。激光测距仪具有精度高、方向性强、响应时间快的特点，但成本较高、光学系统维护难度大，而且对于大距离测量，激光测距还存在人身安全问题。

红外测距仪具有一对红外信号发射与接收二极管，利用的红外测距传感器发射出一束红外光，在照射到物体后形成一个反射的过程，反射到传感器后接收信号，然后根据入射与反射光的几何关系，计算出目标距离。红外测距的优点是便宜、易制、安全，适用环境广泛，缺点是精度低、距离近、方向性差。

3.4.7 视觉传感器

视觉传感是应用在生产装置上的一种电子图像技术，通过视觉传感器把图像抓到，然后将图像传送至处理单元，通过数字化处理，根据像素分布和亮度、颜色等信息，来进行尺寸、形状和颜色的判别，并根据判别结果进而控制生产设备的工作。视觉传感器的工作过程可以分为四个步骤：图像的检测、图像的分析、图像的绘制和图像识别。视觉传感器具有从一幅图像中捕获数以千计像素的能力。视觉信息一般通过光电检测转换为电信号，通过图像信息的变化可以对物体的形状位置等特征信息进行判定。

目前使用比较多的视觉传感器是光接收装置及各种摄像机，如光电二极管与光电转换器件、位置敏感探测器（PSD）、CCD图像传感器、CMOS图像传感器及其他的摄像元件。通过对拍摄到的图像进行处理，来计算对象物体的特征量（如面积、重心、长度、位置、颜色等），并输出数据和判断结果。

利用视觉信息构成机器人末端的位置闭环控制，称为视觉伺服控制。视觉伺服是指控制系统在运动中提取视觉系统信息，利用图像特征如点、线、边缘，以及几何矩等视觉信息在线调整机械手位姿，以实现某种特定的功能，如运动目标的跟踪、定位、抓取等。

视觉伺服模块的硬件部分主要是由摄像机和配对的视频处理卡构成。摄像机将工作空间内的视频信号转换为所需像素的数字图像信号。视觉伺服系统根据摄像机安装的位置可以分为眼固定和眼在手上两种方式。眼固定方式是将摄像机固定在机器人空间中某个位置，可以获得固定的图像分辨率，并可同时获得机械臂及其工作环境的图像信息，便于将视觉系统和机器人控制系统集成。但在机器人运动过程中，会发生图像特征遮盖现象，观察灵活性差；摄像机无法根据作业要求给出环境的细节描述。眼在手上的方式是将摄像机安装在机器人末端执行器上，随手爪的运动而运动，因而具有较大的视觉范围，并且不存在图像特征遮盖问题。通过调整手爪位姿，可以让摄像机接近被观察对象，提高图像分辨率，从而提高测量精度。但摄像机的运动容易造成图像模糊，增加了图像特征准确提取的难度；当手爪接近目标时可能造成目标超出摄像机视场；由于摄像机安装在机械臂末端，增加了机械手的负载。

要实现机器人根据视觉信息完成相应动作，就必须完成图像坐标系、工作平面坐标系、机器人坐标系三者之间的转换，将图像坐标系中的某点与工作平面坐标系中的相应点对应起来，并且最终都表示在机器人坐标系中。所以就需要进行摄像机的标定和坐标的提取，将图像坐标系和工作平面坐标系统一在机器人坐标系下。

图像处理的基本原理就是：由摄像机采集视频信号，将视频信息转化为数字化图像，然后通过视频处理卡及视频处理程序对数字图像进行灰度化、边缘检测、轮廓坐标重建等操作，最终将目标物形状及中心位置信息传输给上位运动控制程序，驱动机器人完成对目标物的操作。

视觉传感器包括：

（1）二维视觉传感器。二维视觉基本上就是一个可以执行多种任务的摄像头。从检测运动物体到传输带上的零件定位等。二维视觉在市场上已经出现了很长一段时间，并且占据了一定的份额。许多智能相机都可以检测零件并协助机器人确定零件的位置，机器人就可以根据接收到的信息适当调整其动作。

（2）三维视觉传感器。三维视觉传感器分为被动传感器和主动传感器两大类，被动传感器通过摄像机等对目标进行拍摄，获取目标物图像；主动传感器通过传感器向目标投射光图像，接收返回信号，对距离进行测量。

与二维视觉相比，三维视觉是最近才出现的一种技术。三维视觉系统必须具备两个不同角度的摄像机或使用激光扫描器。通过这种方式检测对象的第三维度。根据目标物体的图像获取目标物体的轮廓形状来计算其位置信息，并将这些信息进行规范后传送给机器人控制系统，目标物体的位置信息的自动化计算是三维视觉技术的重要环节。机器人系统根据规范后的目标物体空间坐标对机械手进行运动轨迹规划，控制机械手靠近目标物体并实施操作。

同样，现在也有许多的应用使用了三维视觉技术。例如零件取放，利用三维视觉技术检测物体并创建三维图像，分析并选择最好的拾取方式。

（3）其他视觉传感器：功能性视觉传感器，如人工视网膜传感器，图形处理能力强，使用灵活、快速、成本低；时间调制图像传感器，能把光检测器生成的入射光量，以及全体像素共同参照信号的时间相关值并行存储，以类似图像传感器那样输出，主要用在振动模态测量、图像特征提取、立体测量等方面；生物视觉传感器，通过模拟动物或人的眼睛的结构获取周围的信息，把获取的视觉信息传送给脑神经细胞进行处理，但目前在这方面的研究不够充分，离工业化的应用还比较远。

3.4.8　接近觉传感器

接近觉传感器是能在近距离范围内获取执行器和对象物体之间空间相对关系信息的传感器。其作用是确保机器人工作时的安全，防止接近或碰撞，确认物体的存在或通过，测量关联物体的位置和姿态，检测物体的外形，用于生成修正规划和动作规划的路径，躲避障碍物，避免发生碰撞。

接近觉传感器有接触式、电容式、电磁传感器、流体传感器、声波传感器等。

接触式传感器用于定位或触觉，检测比较可靠，通过接触或不接触导致开关的通断来判定物体的相对距离，缺点是对物体表面有时会造成损坏，分离状态下无法进行检测。电容式传感器通过电容量与电极面积、电介质的介电常数成正比，与电极板之间的距离成反比。如果固定电容极板的面积和介电常数，通过电容的变化可以检测对象物体之间的距离。电磁传感器通过磁路磁阻的变化引发线圈感抗变化，来测量对象物体与磁路元件之间的距离。

由于机器人的运动速度提高及对物体装卸可能引起损坏等原因，需要知道物体在机器人工作场地内存在位置的先验信息，并做适当的轨迹规划，所以有必要应用测量接近度的遥感方法。接近觉传感器分为无源传感器和有源传感器，所以除自然信号源外，还可能需要人工信号的发送器和接收器。

超声波传感器可向前方空间发射和接收超声波信号，其测距原理是通过发射与接收到信号的时间差来计算传感器与被测物体的距离。这是一种非接触式测量传感器，常用于不能与被测物体接触的场合。通过发射超声波脉冲信号，测量回波的返回时间就可获取物体的距离。安装多个传感器，组成传感器界面，还可以测量物体表面的倾斜状态。超声波接近觉传感器可以用于检测物体的存在和测量距离，超声波指向性强，能量消耗缓慢，在介质中传播距离较远。它不能用于测量小于 30cm 的距离，而测距范围较大，它可用在移动机器人上，也可用于大型机器人的夹手上。还可做成超声导航系统。超声波的优点是电路及信号处理简单、测量精度较高、装置体积小、价格相对便宜，受到干扰相对光学小一些。

红外线接近觉传感器，其体积很小，只有几立方厘米大，因此可以安装在机器人夹手上。

第4章　机器人主要结构设计

从结构上人类的身体可以看成一台近乎完美的机器：它聪明灵巧，可以举起重物，可以自由活动，并且具有自我保护机制，饥饿时寻找食物，受到惊吓时逃离危险。其他生物虽然也具有类似功能，但是很难达到人类身体结构所具有的高度完美的程度。

机器人经常被设计成具有模仿人类的特征，即使结构不像，在功能上也会非常接近。大自然给机器人设计师提供了一个直接的模板，但也使我们面临诸多挑战。自然界中的一些构造可以在机器人工厂里复制出来，机器人可以被制作成用眼睛看、耳朵听、嘴巴说，从而能够熟练地探索和应对周围环境的机器。

但是这只是理论上的想法，实际情况又是怎么样的呢？一台机器应该具有哪些基本的部件才能被称为"机器人"？这一章，我们就来探讨机器人主要的结构。

4.1　机器人骨骼材料的选择

在自然界和机器人世界里有两类常见的支撑结构，分别是内骨骼和外骨骼。哪个更好呢？这个问题不可一概而论。在自然界里，动物的生活条件和生存策略决定了它们骨骼的最终形态，这个道理同样适用于机器人。

(1)内骨骼支撑的结构常见于各种动物，包括哺乳动物、爬行动物和大多数鱼类。骨骼结构位于身体内部，器官、肌肉、身体组织和皮肤在骨骼的外面。内骨骼是脊椎动物的重要特征。

(2)外骨骼支撑是指"骨头"在外面包裹着器官和肌肉。常见的外骨骼动物是节肢动物、贝类，如螃蟹、龙虾等。

对于机器人的设计及制作，选取何种材料构成其结构本体是具体设计中必然要遇到的问题。一个结构件的设计需要从材质、剖面结构、构建组合形式等方面加以考虑，以便妥善解决应力、变形、质量、固有振动频率等问题。

4.1.1　机器人骨骼材料的要求

机器人材料的选择，要根据机器人设计任务要求而定，但一般情况下，机器人的材料应满足以下要求：

1. 强度高

机器人的臂是整个机构中直接受力的构件，高强度材料不仅能够满足机器人臂的强度条件，而且可以减少臂杆的截面尺寸，减轻重量和减小运动中的惯性。

2. 弹性模量大

从材料力学公式可知，构件刚度(或变形量)与材料的弹性模量 E、G 有关，弹性模量越大，变形量越小，刚度越大。不同材料的弹性模量的差异比较大，而同一种材料的改性对弹性模量却没有多大差异。例如，普通结构钢的强度极限为 420MPa，高合金结构钢的强度极限为 2000~2300MPa，但是二者的弹性模量 E 却没有多大变化，均为 210000MPa。因此，还应寻找其他提高构件刚度的途径。

3. 重量轻

在机器人手臂构件中产生的变形很大程度上是由于惯性力引起的，与构件的质量有关。也就是说，为了提高构件刚度选用弹性模量 E 大而且密度 ρ 也大的材料是不合理的。因此，提出了选用高弹性模量、低密度材料的要求。可用 E/ρ 指标来衡量。表 4-1 列出了几种材料的 E、ρ 和 E/ρ 指标值。

表 4-1　　　　　　　　　　材料的弹性模量、密度比 E/ρ

材料	$E(10^5\mathrm{MPa})$	$\rho(10^3\mathrm{kg/m^3})$	$E/\rho(10^7\mathrm{m^2/s^2})$
钢，合金钢	2.10	7.8	2.7
铝，铝合金	0.72	2.8	2.6
铍铝合金(62%Be)	1.9	2.1	9.1
锂铝合金(3.2%Li)	0.82	2.715	3.02
硼纤维增强铝材	2.9	2.53	11.4

4. 阻尼大

机器人在选材时不仅要求刚度大、重量轻，而且希望材料的阻尼尽可能大。机器人的臂经过运动后，要能平稳地停下来。由于在构件终止运动的瞬间，构件的惯性力和惯性力矩及构件自身的弹性会产生"残余振动"，因此从提高定位精度和传动平稳性角度来考虑，希望能采用大阻尼材料或者采取增加构件阻尼的措施来吸收能量。

5. 经济性好

材料价格是机器人成本的重要组成部分。有些新材料如硼纤维增强铝合金、石墨纤维增强镁合金，用来做机器人臂的材料是很理想的，但价格昂贵，限制了该种材料的使用。

4.1.2 机器人骨骼常用的材料

随着材料科学的发展，新材料层出不穷，很多材料非常适合制作机器人。下面介绍几种常用的机器人骨骼材料。

1. 木材

木材是一种非常优秀的材料。木材相比金属或其他塑料的质地要轻，不易弯曲，而且割断或切削加工都很容易。当需要制作支柱类零部件时，使用木质材料要比使用金属材料更便于组装。相对来说，木材更适合于制作轻型机器人。由于干燥的木材不导电，因此，不会产生采用金属材料时所担心的短路现象。但要避免使用较软的板条，如松木、冷杉等，这是因为相对于重量来说，它们的体积太大了。在制作机器人时，3cm 以上的木材相对来说比较重，也比较难加工。当需要这种材料时，可以采用椴木胶合板来取代。由于胶合板一般都比较薄，直接使用往往满足不了零部件的强度要求。为此，需要先将它制作成箱体，或者通过添加金属加固件来提高强度，这样就可以用木材制作出既轻又结实的本体。

不管怎么说，使用金属混合木材制成机器人本体不失为一种独特的思路，可以考虑使用所谓的外来木材制作，这些木材可以从木工车床加工供应商的目录中得到。它们包括：柚木、胡桃木、花梨木等。在多层结构的机器人中，它们可以作为分离各安装层的坚固的支撑架。用金属制造的机器人似乎才给人感觉更像机器人。的确，机器人的外观也很重要。但是，如果能实现同样的功能，积极采用制作简单的木材为材料，不失为一种很好的选择。

2. 塑料

塑料也是一种制作机器人的有效材料。在材料商店中，有很多如聚酯塑料板之类的塑料材料出售。在废弃的日常生活用品中，也有很多塑料可以用来充当机器人的制作材料。因此，在制作机器人时，应该首先从身边寻找制作材料。例如，在制作运送乒乓球之类的机器人时，可充分利用超市中使用的发泡塑料包装盒，或将方形的塑料饮料瓶切下一部分，利用这些材料的形状可以制作出机器人中装载物品的部件。当需要选用板材时，如果强度要求不高，可以采用很容易找到的瓦楞塑料板。此外，还可以利用废弃车船模型的零部件，通过去掉多余部分，采取与其他零部件组合等方法，或许还能使这些废弃物焕发出新的活力。

3. 金属

（1）不同金属机械性能的差异。机器人使用的材料多用于结构制作，一般选用金属材料。机器人应具有足够的强度。因此主要材料选用各种碳钢和铝合金。表 4-2 是钢和铝的典型机械特性比较。

表 4-2　　　　　　　　　　　　钢和铝的典型机械特性比较

	钢	铝	
密度 ρ（kg·m^{-3}）	7.85×10^6	2.7×10^6	铝是钢的 1/3
拉伸弹性模量 E/Pa	2.1×10^9	0.7×10^9	铝是钢的 1/3
剪切切变模量 G/Pa	86×10^9	26×10^9	
泊松比 γ	$0.25\sim0.35$	$0.26\sim0.33$	
线膨胀系数 α/K^{-1}	1.1×10^{-5}	2.4×10^{-5}	
拉伸强度/Pa	约 0.41×10^9	约 0.25×10^9	

在制作机器人时，使用专业工具加工金属材料要比想象的简单。材料不同，加工的难易程度可能会有所不同。一般来说，在对厚度在 1mm 以上的金属进行弯折或切削时，需要使用特殊的工具，加工起来比较困难。另外，当金属材料比较短时，其强度很高。随着尺寸增加，金属材料会因自重发生弯曲，因而达不到预想的强度。在制作小型机器人时，可以采用将金属薄板两边卷起的方法来增加其强度，应该尽量避免使用比较厚重的金属材料。

（2）不同金属截面性能的差异。材料截面对构件质量和刚度有重要影响，因此通过合理选择构件截面可以较好地满足机器人的使用要求，如空心圆截面、空心矩形截面和工字形截面等。若空心矩形截面是边长为 a，壁厚为 t 的正方形，空心圆截面的外圆直径也为 a，壁厚也为 t，且令 $t = 0.2a$，通过计算可以得出，在相同壁厚的条件下，正方形空心截面比空心圆截面的惯性矩高 69% ~ 84%，而质量仅增加 27%。壁厚越薄，则效果越明显。若空心矩形截面和空心圆截面的型材相同、截面相等，且 $D = a$ 时，设空心圆截面壁厚 $t_1 = 0.2a$，可以计算出正方形空心截面比空心圆截面的刚度提高了 40% ~ 60%。所以在机器人的制作过程中多采用以下材料：10×10 铝合金方管；20×20 方管；25×25 铝合金方管；15×15 角铝；18×25 角铝；20×30 角铝；18×20 槽铝等。

在不影响机器人性能的情况下，应选择截面尺寸尽量小的方型铝合金管材来制作车身主体构件，而且在不影响构件的强度和刚度的前提下，可以在构件垂直方向上打通孔，以减轻材料的重量。同时，在对有些零件要求比较高的疲劳强度和韧性时，可以选用一些角钢、钢板、硬铝板以及铝合金型材等，以满足不同的需要。

4. 复合材料

复合材料的主要形式有：泡沫板、玻璃纤维、树脂、复合碳纤维。复合材料重量很轻，虽然强度不高，但是很适合制作模型或者用于代替木材或塑料等材料，并且该类材料在加工时只需用刀和直尺就可以进行切割。强度较高的复合材料至少有两个缺点：价格昂贵，而且不易买到。大多时复合材料只能够从特定的零售商和工业产品供应商处才能得到。

以板材为典型形式的各种层压材料都是将木材、纸、塑料或者金属进行压合以提高刚度和强度，其材料特性依赖于它的组成成分的固有特性。泡沫板（如泡沫夹芯板）是一种常见的层压复合材料，它是由两层硬纸中间夹一层弹性的泡沫塑料制成的。层压材料还可能是由木材和金属、材料和纸，或者任何其他的材料组合而成的。

所有使用玻璃纤维和树脂的材料，有时会在树脂中加入金属、纺织品或碳的填充物，以使其具有额外的强度。

所有使用碳或石墨增加强度的材料，这些材料可包含其他成分。一个很好的例子是复合碳纤维，它们重量轻、弹性好而且强度非常高。

机器人原材料对比如表 4-3 所示。

表 4-3　　　　　　　　　　　　　　　机器人原材料对比

原材料	实用性	成本	强度	切割	稳定性	震动
木材	优	好	次优	次优	次优	好

原材料	实用性	成本	强度	切割	稳定性	震动
胶合板	优	良	优	良	次优	优
钢	好	好	优	次良	优	好
铝	好	良	好	良	优	良
纸板	优	优	次良	优	差	差
泡沫板	好	好	良	优	差	优
有机玻璃	好	好	良	次良	好	差
胶合苯乙烯	好	良	次良	极优	好	差

4.2　底盘设计

对比最开始几年的比赛我们可以发现，在最近几年的比赛中，为了提高比赛的技术性，避免两队机器人在比赛中拼个你死我活，在比赛场地中央划出了楚河汉界，将两队隔离开来，场上两队的机器人可能只有在比赛开始或结束时有可能产生接触，这样像开始几年两队机器人在场地上"打架"的情况就很少看到了。于是各队比赛的重心从原来想方设法破坏敌人的干扰战转向了依托稳定性和速度的技术战。在比赛场上，哪方的机器人技术更好，运行更稳定，速度更快，哪方就更有可能获胜。

在这种趋势的影响下，各队机器人跑起来就像是踏上了风火轮，特别是引入全向轮技术之后，使得机器人拥有了在一个平面上全部的自由度，跑起来更是行云流水，比较突出的就是 09 年比赛中电子科技大学的"弯月"抬轿机器人（图 4-1）。它的亮点不光是采用全向轮底盘，而在于整个车体的设计，两个抬轮机器人被设计成弧形，这样就能允许旅客机器在轿中能有更大的摆动。但更绝的是，虽然每个机器人底盘上有三个驱动轮，两个驱动轮完成行走，第三个全向轮负责横向行走，依靠中间的轿竿，将前后两个机器人连成一个整体，组成了一个可以实现全方向移动的行走系统。

从上面这个例子可以看出，底盘是一个竞赛机器人最重要的部分，它和汽车的底盘功能一样，用于支承和安装整个机器人的主体结构及控制系统的相关元件，并使得机器人具有自主行动能力。底盘对于一台竞赛机器人来说，就好比是地基对于一幢大厦。地基不牢，大厦就无法立起；底盘不稳，机器人就走不好，就无法顺利完成任务。

底盘结构的稳定性是整个竞赛机器人所有结构中要求最高的。原则上，底盘组装好后就不容易再发生改动。并且，机器人在运动过程中与其他东西发生碰撞时，底盘也一定不能出现晃动或者散架的情况。因为出现上述情况，会对底盘上驱动系统的参数产生很大的影响，导致机器人在调试过程中一直处于不稳定状态。这种不稳定就有两种情况：一种情况就是一直调试不好；另一种情况就是机器人第一天调试好了，第二天又乱了。不论哪种

图 4-1　2009 年电子科技大学的"弯月"抬轿机器人

情况，都会大大影响机器人调试的计划。试想一下，如果机器人跑不好，走不到指定的地方，那么将其他动作都调试得很好也是徒劳。

4.2.1　底盘大体结构特点及设计与制作

4.2.1.1　底盘结构材料及其连接方式

目前主要用来做底盘的材料有铝管、钢管、型材等，其中最常用的是铝管和钢管。因为材料性质的不同，所以要针对这些材料的特性采用合适的处理方式。下面介绍底盘制作中常用的方法。

1. 铝管与铆接

在最开始的几届国内机器人比赛中，薄铝管铆接底盘出现的较多，同时车身也大部分采用这种方式制作而成。它的主要优点是做出来的机器人整体质量较轻、工艺简单、成本低。由于每届全国大学生机器人大赛参赛的机器人的总重量上有 50kg 的限制，当机器人数量较多(四台或以上)时这种底盘出现的较多。图 4-2 是武汉大学自动机器人。

铆钉连接为不可拆连接方式，它适合于承受振动或者冲击的钣金结构。在铆钉铆接的过程中，由于铆钉的挤压变形，使得铆钉孔内的间隙被填满，并且挤压变形的过程使得铆钉材料的强度增强。故在铆接完成后，在刚开始的那段时间，其连接强度还是非常高的。但随着时间的推移以及机器人运行过程中的各种碰撞，铆钉孔会越扩越大，导致连接点处最终失效。所以，铆钉连接都是以一组铆钉孔来实现的。

图 4-2　武汉大学自动机器人（第七届全国大学生机器人大赛）

　　铆接的原理及工艺都非常简单（图 4-3）。我们在机器人比赛中大部分使用到的是抽芯铆钉，其结构如图 4-4 所示。

图 4-3　铆接使用的工具

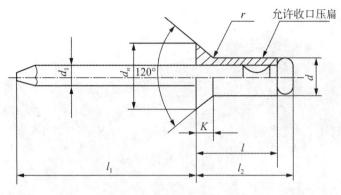

图 4-4　抽芯铆钉结构图

在装配时，必须将铆接件上的孔对齐，用相应规格的螺栓拧紧，并将螺栓分布均匀，这个步骤对于固定铆接件相对位置很重要。

在构件装配中，由于加工误差将会造成部分孔的错位，这个时候就需要使用较正冲或者铰刀进行扩孔修正。为使构件之间不发生位移，还需将修正的钉孔尽量一次铰完，并先铰未拧螺栓的钉孔，再铰已拧入螺栓又卸掉后的孔。

在上述准备工作做完后，我们就可以开始铆了。将铆钉的大头塞入板件的孔中，用铆接夹紧铆芯，反复地压铆枪，这个动作会使得铆芯不断地向外拉，带动铆芯最处边的铆头将收口压扁，直至铆芯被拉断为止。铆完后，注意用锉刀修一下铆芯断裂处以防伤手。

2. 焊接

焊接主要针对于钢加结构而言，当然最近比赛中也出现了铝管焊接的例子，但因为铝管焊接对焊接工艺要求较高，且用得不多，这里就不再介绍。

焊接底盘是中后期比赛兴起的一种底盘类型。焊接的底盘制作过程非常简单，先画好图纸，根据图纸的要求，在建材市场下好钢管后可以直接请专业的师傅帮助焊接。焊好后的底盘或者车身其他构件的外形很漂亮，而且钢管焊接的连接强度一般都很高。因此最近几年的比赛中焊接底盘以及焊接车身出现得比较多。图 4-5 是武汉大学轿夫机器人焊接底盘三维图。

在焊接的时候，要特别注意焊缝的搭接方式及焊点的密集程度。在钢管与钢管成直角拼接时，应该将要焊的地方向削成 45°角(图 4-6)，并将焊缝尽量焊满。

但焊接底盘存在两个比较重大的问题：①焊接过程中的高温会使得连接点处的钢管发生强烈的变形，这种变形直接影响底盘的制作精度，故在焊接时一般会在焊接端的钢管里面塞上木头来减小变形；②焊接最大的问题在于其安全性上，焊接点，即熔池部分因焊接高温，变得又硬又脆，在机器人长时间运行之后，很容易出现突然断裂的现象，并且这种现象很难检查出来。因此，焊接底盘在机器人比赛中可能会有淡出的趋势，但在其他一些受力情况比较理想的场合，焊接还是一种实用的方式。

由于底盘是用来承受整个机器人所有机械结构的，故要求在正常使用期间不能发生过

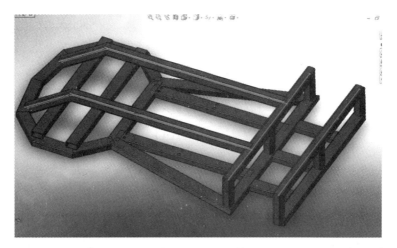

图 4-5 武汉大学轿夫机器人焊接底盘三维图(第八届全国大学生机器人大赛)

图 4-6 直角拼接焊接示意图

于强烈的变形,这对钢管的抗弯强度来说是个极大的考验,于是我们很自然而然地想到使用厚一点的钢管。但这个时候起决定因素的还是底盘结构设计的合理性,一般厚 0.6mm 钢管是足够用的。在焊接的结构中多使用斜支撑的结构构成三角形可以提高结构的稳定性,另外,为了提高钢管的抗弯强度,可以在钢管主要受弯方向(一般是朝向地面)的中间加一段钢管来提高结构的抗弯截面系数,这里用到的是材料力学中的等强度梁的概念。对于焊接底盘或者其他形式的底盘,使结构形成一个封闭的结构是非常重要的,因为开放式的结构会使机器人的运行过程中,将震动不断传递到最末端,如果这个最末端是机械手,很难保证其使用的准确性。封闭的结构可以部分抵消结构之间相互的振动,使得机器人的结构稳定性大大增加。

3. 螺钉连接

螺钉连接也是一种极为常用且可靠的连接方式。它既可以用在钢管上,也可以用在铝管上。但一般情况下,使用在厚铝管中的情况比较多,这是因为不锈钢管太硬,可加工性不是太好。

厚铝管的厚度达到 0.8~1.3mm，与薄铝管相比，其刚度很好，其缺点是这种铝管比较重。但对于底盘来说，一定的重量是有好处的，对于一个机器人来说，底盘越重，其重心就越低，运行起来就更稳定，也容易提到更高的速度。

厚铝管最常用的连接方式是铆接和螺钉连接。但由于铆接在时间长了之后铆接点会因过大的塑性变形而失效，所以对于一些重要的地方，采取螺钉连接更为可靠一些。这种底盘与焊接底盘相比，其制作过程相对更耗时一些，主要因为大部分工作是手工完成，只有打孔的时候为了保证孔之间的相对位置精度才拿到机床上加工。而且组装也是一件相当费时费精力的工作。因为组装的过程绝不是简简单单地拧螺钉，在组装的时候，为了保证结构之间的位置精度要求，需要使用各种手段不断检测与校正结构之间的相对位置，在这个方面，焊接的底盘是无法达到这种要求的，这也就是厚铝管螺钉连接的底盘相比于焊接底盘最大的优势。接下来我们介绍几种铝管与铝管之间常用的比较可靠连接方式。

图 4-7 和图 4-8 所示是铝管与铝管之间连接中比较可靠的连接方式。从两图中可以很明显地看出它们各自适用的范围。图 4-7 中两片小铝板上都已经铣好了槽并打好了孔，使用时，先将铝管嵌入到槽中，再将两片小铝板合并，上螺钉拧紧即可。这种连接方式不仅牢靠，而且可以一定程度上保证两铝管之间的垂直度要求。特别适用于机器人中竖着的立柱或者导轨与底盘之间以及底盘中一些重要部位的连接。

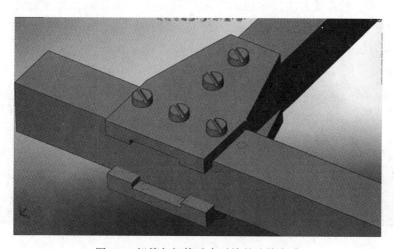

图 4-7　铝管与铝管垂直对接的连接方式

在很多情况中，为了不使铝管被截断而降低结构强度，需要将两根铝管交叉在一起进连接。这时就可以采用如图 4-8 所示的连接方式。它的做法较上面的简单一些，只需要一段 20mm×20mm 厚 3mm 的角铝，并在上面按要求打好孔，铝管上也按要求打好交错的孔，最终拧紧螺钉即可。我们可以发现，在拧紧螺栓的过程中，两根铝管以及连接用的角铝刚好有 3 个两两正交的平面，保证了三者连接相互之间的垂直关系。如果四个一样的角铝配合使用，其效果将更加牢靠。为了防松以及操作人员在搬运时被螺钉头刮到手，应该将螺钉头藏在里面，并用胶枪涂胶封好，用于连接用的角铝也应先拿锉刀倒角才能使用。

接下来介绍的这种方法适合上面两种情况，实现起来也很简单。就是使用如图 4-9 所

图 4-8　铝管与铝管垂直搭接的连接方式

示的小连接件，这种零件可以买到，也可以用 3mm 厚的角铝自己加工一个。但注意一点，图 4-9(a)中方式一的连接方法没有图 4-7 中采用铝板的方式牢靠，因为如果两根铝管之间的间隙比较大，竖直的铝管是很容易绕着螺钉旋转的。因此，使用这种方法时，应在侧面继续使用其他方法固定。

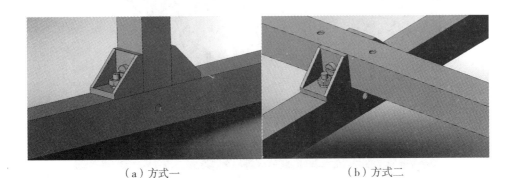

（a）方式一　　　　　　　　　　（b）方式二

图 4-9　常用的连接方式

在图 4-9(b)所示方式二中，为了使铝管之间的连接更加牢靠，可以在下面再加一组这样的角铝加固。同样，为了起到防松及避免刮伤人手，可以用胶枪涂胶将螺钉头封好。

在考虑连接强度的同时，还需要考虑螺钉的防松问题。除了《机械设计》教材里介绍的防松手段外，这里简单介绍两种更实用的防松手段：一种是将 502 胶水渗入螺纹中，502 胶水的渗透性很强，而且沾得很牢，风干之后胶水变得很脆，这时只要稍一用力，就能拧开。这种方法特别适合于那些难以触及到的螺钉的防松。另外一种方法就是使用胶枪，我们这里不再赘述。

4.2.1.2 底盘的重量布置及其改善

整个机器人的重量都是由底盘来承受的，整个机器人的重心应该尽量压在驱动轮上，这样驱动轮就与地面有足够的摩擦力，更不容易打滑。但机器人在设计过程中其结构是按照所完成的目标来设计的，其形式也是千变万化的。因此，如果在设计过程中不考虑重心的布置，到最后有可能会出现因为重心位置不合理而导致机器人易翻倒或者速度提不上去的问题；反过来，如果处处考虑到重心的布置问题就会加大设计过程的难度。因此，我们也可以先把机器人整体结构大致确定好了之后，再从底盘方面考虑缓解一下这方面的问题，其方法也是很多的，但这时底盘的制作方面的高要求还是没有改变。

一方面，我们可以从降低整个底盘的高度方面考虑。通常，底盘上加上驱动部分和控制器件以及电池，其重量还是相当可观的。因此底盘的高度对于整个机器人的重心影响还是相当明显的。在前面介绍的驱动模块中，轴承座是加在底盘的下面的。如果把轴承座放在底盘的上面(图4-10)，那么度盘的高度就降了一大截。这对于降低底盘高度来说，是一个很有效的办法，但我们还必须保证编码器在下面能够有足够的空间可以用。从图4-11我们也可以看到，在降低底盘高度的同时，驱动轮的直径也变大了。

图 4-10　轴承座安装方式(底盘上方)

另一方面，驱动中大部分电机轴与驱动轮都是同轴的，这是显而易见的。但是，这种直观的方法因为要考虑安装编码盘要预留位置，浪费了很多的空间。于是我们自然而然地想到如果将这两者错开就可以解决底盘高度的问题了。实现的方法很多，最直接的方式就是使用齿轮传动，下面就介绍一个使用齿轮传动解决这个问题的例子。

当然，这里的齿轮不局限于直齿圆柱齿轮，也可以使用锥齿轮，使得电机的轴线方向与驱动轮径向方向垂直，如图4-12和图4-13所示。采用这种方法还有另一个好处就是节

图 4-11　带齿轮传动的驱动形式(东北大学)

省了底盘的横向空间，使得整个机器人的结构可以更加紧凑，因此很多小机器人会采用这种驱动等式。

图 4-12　电机与驱动轮之间通过锥形齿轮传动

但不管是使用直齿轮还是锥齿轮，都要合理选择齿轮的模数，并保证齿轮配合之间的间隙。齿轮的模数不能太小，否则容易出现跳齿的现象；也不宜过大，否则会造成齿轮的

图 4-13　电机安装与驱动轮轴向垂直

直径变大。间隙太大会造成电机的轴与驱动轮之间的运动有延时，特别是在驱动轮正反转的交替过程中，这种影响更加明显。

4.2.2　常用底盘结构及特点

上一节简要介绍了底盘的各组成部分，这一节开始按驱动轮的不同对机器人中所出现的底盘进行归类，主要分为轮式底盘，履带式底盘以及全向轮底盘，并介绍这些底盘各自的特点及应用场合。

4.2.2.1　轮式底盘

轮式底盘是最常见的，也是目前应用最成熟的底盘类型。轮式底盘运动起来相当灵活，适合于在平地上运行。驱动后置的轮式底盘也可以上坡，但是轮式底盘在越障方面比较弱。

轮式底盘的路线要素只有两种，即直线与圆弧。特别强调的一点是，轮式底盘在走直线时尽管驱动部分的两个电机可以选得一样，但由于电机的性能参数不完全相同，驱动电机的两个驱动器性能也是不同的。因此，就算给两个电机一样的信号，它们的反应也不是一样的，换句话说，要机器人走一段非常标准的直线是不可能的，我们只能在调试过程中把它调到一个可以接受的范围，并且在机器人行走的过程中，它走过的直线很可能是一条三角曲线。因此，在机器人开始真正运行之前，必须对机器人的驱动电机进行调试。这也是整个机器人控制方面最为重要的工作。

轮式底盘走圆弧是通过转向来实现的，轮式底盘的转向实现起来是相当容易的，在机器人比赛中主要出现了三种：第一种转向方法最简单也最常用，使左右两个驱动轮保持一定的速度差，机器人便可以走出一段定直径的圆弧。如果两轮的速度大小相同，转向刚好相反，那么机器人就可以实现原地自转，这里需要注意的是，走直线中两电机性能不一样的问题在走圆弧时也会碰到，这方面的参数也需要进行调试。第二种转向方法就是像一般汽车一样，靠前轮的摆动并配合后轮的驱动实现转向，前轮摆动可以通用一个功率不大的小电机或者舵机来实现(图 4-14)，这种方式在机器人的比赛中用得也比较多。但是通过这种方式转向的底盘在实现原地自转方面有比较大的困难，并且它只适用于后轮驱动的底盘。第三种方式是将所有的驱动轮做成可以由舵机控制其摆动的形式。这种方法使得机器人在场地上的移动较普通的轮式底盘有更大的自由度，通常它采用 3 个轮子一组(采用四个轮子有可能出现打滑的现象，并且一个底盘使用 4 个驱动电机很不经济)，其效果和后面要讲的全向轮底盘比较相似，定位方式和全向轮底盘采用的是一样的。也就是说这种底盘不能再采用双编盘的定位方式了，而应该采用陀螺仪加全向码盘定位的方式。因此，这种轮式底盘在技术上要求比较高。

图 4-14　转向的从动轮由舵机摆动

对于常规的轮式底盘来说，驱动在底盘中的位置有两种：一种是把驱动放在底盘中间，另一种是把驱动放在底盘后面(前后倒置，车头也可以看成车尾)。

驱动中置的底盘易实现绕车身的自转，这在需要频繁转弯或要求转弯半径小的时候常用到，但它在转向方面就只能采用两驱动轮的差速运动来实现，这也是它的局限性。需要特别注意的是，驱动中置的底盘是无法上坡的，因为在上坡过程中，前后两个万向轮会将整个机器人抬起而使得驱动轮架空。另外如果是驱动中置，那么就注定它是四个点着地的方式，因为把驱动轮放中间，只在一边有万向轮支撑，机器人是跑不稳的。这也给驱动中置的底盘带来了一个比较麻烦的问题，即前后两个万向轮的高度关系，因为场地永远都不可能是一个平面，在有些地方总是会出现凹陷或者凸起这两种场地缺陷。如果将驱动中置的底盘前后两端的万向轮固定死，那么当底盘驱动轮在经过这些场地缺陷的凹陷处时就会使得驱动轮处与地面的摩擦力不够而引起打滑，特别是安装码盘的弹簧弹力大时这种情况更加严重。解决轮子与底盘之间的摩擦力的办法：一是使用与场地之间摩擦系统大的材料贴于轮上作为轮皮；二是通过增加重量或者调整机器人的重心，使其压在驱动轮上让驱动轮与场地之间有更大的摩擦力。不论是第一种方式还是第二种方式，其解决问题的能力都是有限的。这个时候我们可以再做绝一点，提高前面或者后面一个万向轮的高度使得整个机器人呈现三点着地的状态，悬起的万向轮只起防止车身倾覆的作用。这种方式虽然能够解决驱动轮打滑的问题，但是机器人在行走时如果加速度过大（如启动或者急停时），有可能会使得整个机器人的车身产生较大的抖动而影响机器人正常地执行其他任务。

图 4-15　驱动中置底盘

为消除这种抖动，我们参照前面介绍到的将编码盘安装在其中一个万向轮处的方法，稍微作改动，给它加上弹簧进行减震（图 4-16）。这样底盘就可以始终保持四个轮子着地的状态，并且驱动轮处与地面接触时，能保证与地面之间始终有足够大的摩擦力。但需要注意的是，这时应采用弹性系数大的弹簧，并且要使得弹簧的伸长量不能太大，否则会引起减震装置不起作用或者弹簧弹力太大而将机器人车身顶起，图 4-16 中小螺钉的作用是限制万向轮上下振动幅度。

图 4-16　减震万向轮

如前所述，驱动后置的底盘又可以分为好几种类型，但它们都不太需要考虑驱动轮着地的问题(图 4-17)。

后轮驱动中最简单的一种形式，即后面两个驱动轮，前面一个或者两个万向轮。前面只有一个万向轮这样的情况在着地方面无疑是非常理想的，因为三点就确定一个平面，它的主要问题就是转弯时可能出现重心偏移的情况。前面有两个万向轮时，严格来说，不论何时，都其实只有一个万向轮是着地的，于是着地的万向轮与两个驱动轮也构成了三点着地式，此时的驱动轮也不会打滑，因此驱动后置的底盘在比赛中的应用还是相当广泛的。其他的后轮驱动式底盘可以看做是上面所讲的最简单的形式的拓展形式。

图 4-17　武汉大学轿夫机器人概念图(驱动后置式)

与驱动中置的轮式底盘相比，驱动后置的机器人有个很重要的优势就在于它是可以上坡的。因此在第八届全国大学生机器人大赛中，没有学校的轿夫机器人是采用驱动中置的，基本上都是驱动后置的。另外，由于那届比赛的场地上设有斜坡，为了适应上下坡时平地和斜坡突变处的情况，保证机器人的平稳前进而使得乘客机器人不会受太大波动，很多学校在前端加了自适应的调节机构，配合四个万向轮，使得机器人上下坡的过程较为平稳。此机构类似于将一个前后方向放置的跷跷板和一个左右方向放置的跷跷板叠加布置，如图 4-18 所示。

4.2.2.2　同步带轮式底盘

履带式底盘准确来说应该叫做同步带式底盘，因为它所用到的驱动轮是同步带轮，在同步带轮上套上同步带使用。因外形与坦克的履带轮相似，故俗称"履带式底盘"，它也是机器人比赛中经常出现的底盘形式。

一般情况下，同步带轮底盘至少使用了两个同步带轮，而这两个同步带轮肯定是作驱动轮，也就是主动轮用的。既然有了主动轮，就必定还有从动轮。而从动轮可以是同步带轮，也可以不是，但最好将主动轮和从动轮统一。另外，同步带轮底盘一般都要求有张紧

图 4-18　带自适应上坡机构的驱动后置底盘

轮，让同步带有足够的张紧力，这些张紧轮可以采用小一号的同步带轮，但必须使该同步带轮与同步带相配，也可以由一般的定向轮或者滑轮来代替。张紧轮可以做成可调的，也可以做成不可调的，可以根据自己队的现有情况来决定。但最好还是做成可调的，以便将同步带的张紧力调到一个比较满意的水平，这种可调的方式又可分为随动式与固定式。随动式张紧轮就是使用弹簧来自动调节同步带的张紧力。如图 4-19 所示的是北京科技大学旅客机器人的底盘（第八届全国大学生机器人大赛），其张紧轮与底盘之间有弹簧，使得同步带的张紧力可以自我调节。固定式的第一种方法是采用一列孔来安装张紧轮，它好比将同步带的张紧力划成了几个挡次，根据不同的使用要求来进行换挡。另一种固定式张紧轮和前面相比就相当于是无级变挡，它的结构也非常简单，只需要将张紧轮固定于一个可旋转的支架上即可，在使用之前，将支架旋转到合适的角度再固定好就行了，如果加上弹簧压着支架，它也可以变成另一种随动式的。

　　如图 4-19 所示的张紧轮是位于同步带内侧的，也可以将其转移到外侧，这样的同步带看上去就像凹陷下去了。这种方式的好处就是，可以给张紧轮留下较大的空间，便于维修。

　　我们在坦克或者履带式拖拉机中经常可以看到这样的一种轮子，它们位于驱动轮与从动轮中间紧压着履带。而驱动轮和从动轮都是悬在底盘上的。这类轮子叫支重轮，从它的名字不难理解，它才是支撑整个履带式底盘的基础，而驱动轮和从动轮都只起动力传递的作用。这种结构在机器人大赛中也常用的，主要是用在驱动轮与从动轮之间的中心距较长的场合。支重轮的应用使得同步带轮式底盘与地面的接触更加可靠。

　　与轮式底盘相比，同步带轮式底盘有如下几点优势：①由于采用了同步带，与地面的接触面积增大，从而加大了行走时机器人与地面的摩擦力，因此同步带轮式底盘是很难出现打滑现象的；②相对于轮式底盘，同步带轮式底盘有更强的越障能力，能适应更复杂的场地情况；③相比于轮式驱动系统而言，同步带轮式驱动更重，所以它的底盘重心一般都比较低；④由于前后轮都可作驱动轮，故可前后各装一个驱动电机（图 4-20），这样可以

图 4-19　北京科技大学履带式旅客机器人

减小机器人底盘的横向尺寸，使得整个机器人看起来更加紧凑，并改善整个车的重心布置。

图 4-20　驱动电机前后各布置一个

相比于优点，同步带轮式底盘的缺点也同样明显。并且它的优缺点刚好和轮式底盘相反。第一个突出的缺点是，在使用同样电机的前提下，同步带轮式底盘的速度是这些底盘类型中最慢的；第二个突出缺点是，同步带轮式底盘在转向方面没有轮式底盘那么灵活。但相比于第一个问题，第二个问题解决起来稍微简单一些。为了解决这个问题，我们可以采用一种更为特殊的轮子，即图 4-21 所示的伽利略轮。由图可以看出，在正常情况下，它是一个大轮子，可以快速地行走，很灵活地转弯。当需要越障时，它就可以从大轮子中伸出几个小轮子并将大轮子圆周上的弹性皮带展开，以形成履带式结构。当然，严格来说，它用的根本不是同步带及同步带轮，但它们越障的原理都是一样的。

这种轮子在国内估计比较难买到，但我们仍可以参照其原理，发挥自己的想象力，自己设计出类似的机构，以实现这种变换。

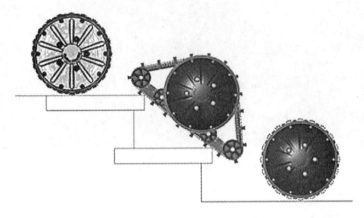

图 4-21　可自由变形的伽利略轮

接下来介绍一种解决同步带式底盘转弯问题的很实用的方案。我们可以在机器人前身的底下，加上如图 4-22 所示的机构，其结构很像飞机上所用到的起落架。在需要转向时，万向轮将底盘前部稍微顶起，使得此时的履带式底盘变成一个驱动后置的轮式底盘，这时它的转向就会灵活很多。当机器人需要越障时，万向轮收回，轮式底盘又变回同步带轮式底盘。

图 4-22　同步带式底盘转弯辅助机构

图 4-23　底盘前端被顶起使机器人更容易转向

4.2.2.3　全向轮底盘

全向轮底盘是轮式底盘的延伸和发展，是最近几届全国大学生机器人大赛兴起的一种底盘形式，由西安交通大学最先使用，从出场开始一直备受瞩目。其后的比赛中有不少学校也陆续开发出了全向轮底盘行走系统，但由于全向轮底盘所采取的定位方式较一般的轮式底盘更为复杂，因此虽然很多学校用了全向轮，但做出来的效果却是良莠不齐。

与其他底盘相比，全向轮底盘最大的优势在于使机器人拥有了在一个平面上所有的自由度，机器人行走的路线规划也变得更加简单。轮式底盘和履带式底盘的运动轨迹包括直线和圆弧，并且在路线轨迹过渡过程中车身不可避免地需要转向，而全向轮底盘的运动轨迹几乎可以全部由直线构成，在路线过渡过程中，除非需要车身姿态调整以完成某任务，一般不需要有转向环节。

相比于普通的轮式底盘和履带式底盘，全向轮底盘是最重的，成本也是最高的，主要是因为要构成全向轮底盘，需要 3 个或 4 个驱动电机，即 3 套或 4 套完整的驱动。相比于 3 个驱动的全向轮底盘，4 个驱动的全向轮底盘更容易制作一些，只需要将 4 个电机呈"十"字形布置或者像一般的轮式驱动系统一样，采用前向各两个驱动轮的布置，但后者所采用的全向轮要特殊一些。

四轮驱动的控制方面相对三轮驱动的要简单一些，但是采用 4 套驱动就比普通的轮式底盘重了 5kg 以上，这里除了驱动电机的重量之外，还包括全向轮本身的重量。4 个全向轮驱动的底盘在行走过程中还存在另一个很严重的问题，即由于比赛场地不可能是一个完美的平面，很难保证 4 个轮子都同时着地，特别是在上坡时十字形底盘的难度比较大。

在机器人大赛中，3 个驱动轮的全向轮底盘对场地的适应上更具有优势一些，因为 3 点始终确定一个平面。3 个轮子的全向轮底盘，其驱动也有两种布置方式：一种是 T 形布置，即两套驱动的电机同轴，另一套驱动电机的轴线位于它们的等分线上；另一种是三套驱动在一个圆上隔120°分度布置，其中后者的使用更多一些。

全向轮底盘最特别的地方在于它所使用的全向轮。通常所看到的每副全向轮都由轮毂和滚子所组成，轮毂的外周圆上开有多个轮毂齿，每两个轮毂齿间装一滚子，滚子在轮毂上的布置方式主要有两种：一种是滚子径向方向与轮毂外圆周的切线方向垂直，它可以使得轮子在全向轮的圆周切线方向以及径向方向发生移动，但要注意，径向方向的移动都是从动的，圆周方向的移动可以是主动，也可以是从动，取决于驱动电机是否处于工作状态。同时，为了使得全向轮与地面的接触更加的平稳，多采用两组轮毂交错又叠加拼成一个比较厚的双列全向轮(图4-24)，大部分学校采用的就是这种轮子。

图 4-24　2011 年华中科技大学自动机器人

另一种比较特别的全向轮就是前面所说的 4 个全向轮前后各两个布置的方法，曾代表中国拿过两届世界冠军的西安交通大学在第十届全国大学生机器人大赛中的自动机器人就是选择这种底盘，它所采用的全向轮叫做麦克纳姆轮。

麦克纳姆轮是基于一个有许多位于机轮周边轮轴的中心轮的原理。这些成角度的周边轮轴把一部分的机轮转向力转化到一个机轮法向力上面。依靠各自机轮的方向和速度，这些力的最终合成在任何要求的方向上产生一个合力矢量，从而保证了这个平台在最终的合力矢量的方向上能自由地移动，而不改变机轮自身的方向。麦克纳姆轮主要也是应用在四轮全方位移动机器人上。该轮是瑞典麦克纳姆公司的专利，在它的轮缘上斜向分布着许多小滚子，故轮子可以横向滑移。小滚子的母线很特殊，当轮子绕着固定的轮心轴转动时，各个小滚子的包络线为圆柱面，所以该轮能够连续地向前滚动。麦克纳姆轮结构紧凑，运动灵活，是很成功的一种全方位轮。由 4 个这种新型轮子进行组合，可以更灵活方便地实现全方位移动功能。

图 4-25　第十届全国大学生机器人大赛中西安交通大学的自动机器人

在车轮运动时，这种地面与滚子接触的设计，使得地面会给予车轮一个与车轮径向方向成 45°角的摩擦力，该摩擦力可分为 X 分量与 Y 分量，借由车轮的正反转和停止，改变 X 及 Y 分量力的方向，就可以让底盘作各种方式的移动。具体的动作原理如图 4-26 ~ 图 4-29 所示。

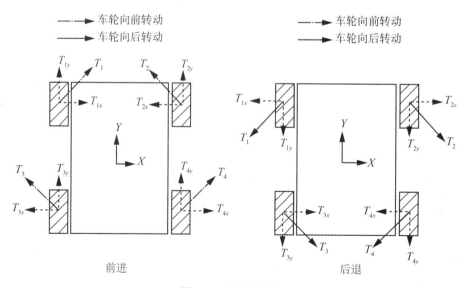

图 4-26　前进和后退

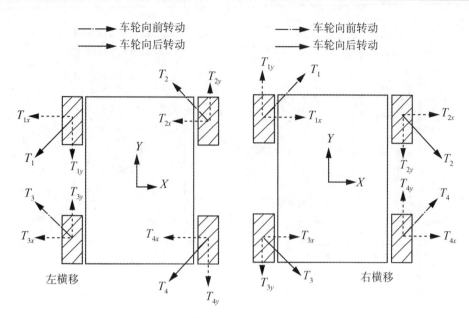

图 4-27　左右平移

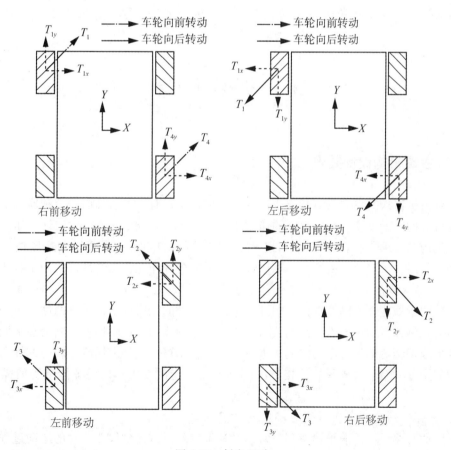

图 4-28　斜向运动

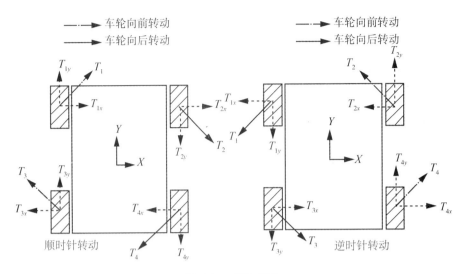

图 4-29　原地转动

其他的全向轮底盘，也是基于类似的控制原理，即当所有的驱动轮按其给定的速度与转向运动时，底盘就按照所有驱动轮的速度合矢量方向运动，速度大小等于其合矢量的模。

4.3　机械臂的设计

4.3.1　手臂机构设计要求

手臂由机器人的动力关节和连接杆件等构成，手臂有时也包括肘关节和肩关节，是机器人执行机构中最重要的部件。它的作用是支承手部和腕部，并改变手部在空间的位置。对手臂机构的要求包括：手臂承载能力大，刚性好且自重轻；手臂运动速度适当，惯性小，动作灵活；手臂位置精度高；通用性强，适应多种作业；工艺性好，便于维修调整。

1. 手臂承载能力大、刚性好且自重轻

手臂的承载能力及刚性直接影响到手臂抓取工件的能力及动作的平稳性、运动速度和定位精度。例如，承载能力小，则会引起手臂的振动或损坏；刚性差，则会在平面内出现弯曲变形或扭转变形，直至动作无法进行。为此，手臂一般都采用刚性较好的导向杆来加大手臂的刚度，对手臂支承、连接件的刚性也有一定的要求，以保证能承受所需要的驱动力。

2. 手臂运动速度适当，惯性小，动作灵活

手臂通常要经历由静止状态到正常运动速度，然后减速到停止不动的运动过程。当手臂自重轻，其启动和停止的平稳性就好。对此，手臂运动速度应根据生产节拍的要求决

定，不宜盲目追求高速度。

手臂的结构应紧凑小巧，这样手臂运动便轻快、灵活。为了手臂运动轻快、平稳，通常在运动臂上加装滚动轴承或采用滚珠导轨。对于悬臂式机械手臂，还要考虑零件在手臂上的布置。要计算手臂移动零件时，还应考虑其重量对回转、升降、支撑中心等部位的偏移力矩。

3. 手臂位置精度高

机械手臂要获得较高的位置精度，除采用先进的控制方法外，在结构上还注意以下几个问题：①机械手臂的刚度、偏移力矩、惯性力及缓冲效果均对手臂的位置精度产生直接影响；②需要加设定位装置及行程检测机构；③合理选择机械手臂的坐标形式。

4. 设计合理，工艺性好

上述对手臂机构的要求，有时是相互矛盾的。例如，刚性好、载重大时，其结构往往粗大、导向杆也多，会增加手臂自重；当转动惯量增加时，冲击力大，位置精度便降低。因此，在设计手臂时，应该根据手臂抓取重量、自由度数、工作范围、运动速度及机器人的整体布局和工作条件等各种因素综合考虑，以达到动作准确、结构合理，从而保证手臂的快速动作及位置精度。

4.3.2 手臂机构设计流程

手臂机构设计流程的内容包括运动性能、力学特性、机械结构、精度要求、详细设计、验证与修改等。在此仅以 GR 型机器人为例进行讨论。

1. 方案制定

明确手臂机构在机器人整机中的作用及位置，制定手臂机构的方案。按照抓取工件的要求，机械手的手臂有三个自由度，即手臂的伸缩、左右回转和升降运动。

为了满足 GR 型机器人手臂机构的性能要求，采用的主要驱动和控制方式包括：手腕的伸出运动采用电驱动；抓取器采用气缸驱动，两个气缸用于抓取器的压紧。

手臂的回转通过回转机构来实现。手臂沿垂直方向的位移采用直线移动机构。手臂的不平衡量采用气缸平衡控制。

2. 运动性能及参数

GR 型机器人手臂机构的运动性能及参数要求如表4-4所示。

表4-4　　　　　　　　　　手臂机构的运动性能与参数（GR 型）

运 动 性 能	数 值
位移范围：	
手臂在水平面转动/(°)	340
手臂提升/mm	800
运动关联性能：	
手腕伸出/mm	1500
手腕相对纵轴（Z 轴）转动/ (°)	90

续表

运 动 性 能	数 值
位移速度： 手臂转动/[(°)/s] 手臂提升/(m/s) 运动关联性能： 手腕伸出/(m/s) 手腕转动/[(°)/s]	150 0.6 1.5 90

3. 力学特性

根据臂部的受力情况分析，它在工作中直接承受腕部、手部和工件的静载荷、动载荷，并且自身运动较多。因此，手臂的结构、工作范围、灵活性等直接影响到机械臂的工作性能。

针对 GR 型机器人手臂机构的设计对象，制定满足其结构的力学特性与参数，其参数如表 4-5 所示。

表 4-5　　　　　　　　　　手臂机构力学特性与参数（GR 型）

力 学 性 能	数 值
机器人承载能力/kg	40
抓取力/N	6000
手臂伸缩机构电动机功率/kW	2.2
直线移动机构电动机功率/kW	2.2
力学关联性能	—

对手臂机构的关键零部件应进行强度、刚度、稳定性等计算。

4. 零部件建模与设计

在满足运动性能计算、力学特性分析的前提下，进行 GR 型机器人手臂机构的零部件建模与设计。机械结构特殊要求如表 4-6 所示。

表 4-6　　　　　　　　　　手臂机构机械结构特殊要求（GR 型）

机械结构特性	数 值
机器人质量（数控装置除外）/kg	1200
机械结构关联性能	—

该设计应包括手臂关键零件及专用零部件的详细设计、优化设计等。

5. 精度要求

精度要求与机械手臂的坐标形式有关。例如，直角坐标式机械手的位置精度较高，其结构和运动都比较简单、误差也小；回转运动产生的误差是放大时的尺寸误差，当转角位置一定时，手臂伸出越长，其误差越大；关节式机械手因其结构复杂，手端的定位由各部关节相互转角来确定，其误差是积累误差，因而精度较差，其位置精度也更难保证。因此合理选择机械手臂的坐标形式是满足精度要求的方式之一。

在手臂机构的零部件结构设计时，还必须考虑选用件的匹配及零部件间的配合，也包括传动误差分析，以满足精度要求，其精度要求如表4-7所示。

表4-7 **手臂机构精度要求(GR型)**

抓取器定位精度	数 值
抓取器定位误差/mm	±2

6. 上下料节拍

上下料节拍由上下料需要的时间决定。上下料时间可以由加热炉的出料时间和冲压机的动作时间决定。不同工件设置不同时间的节拍。

7. 详细设计、验证与修改

在上述基础上进行手臂机构及全部零部件的详细设计，验证手臂机构的运动性能、力学特性及精度要求。修改零件的机械结构，直至满足各项技术要求。

4.3.3　手臂机构原理

一般来说，手臂机构应该具备3个自由度才能满足基本要求，即手臂伸缩、左右回转和升降运动。手臂的这些运动通常通过各种驱动机构及多种传动机构来实现。

GR型机器人手臂机构的传动关系如图4-30所示，图中也表示出了与提升机构、转动机构及承载系统等的关联。

GR型机器人手臂机构的功能是：保证水平轴向运动和带抓取器手腕的转动，以便在加工时能将毛坯安装和定向。该手臂机构传动关系中涉及承载系统、位置传感器、测速发电机及驱动装置、提升及转动机构等。

图4-30中左边部分为手腕的伸出运动。手腕的伸出运动由电动机驱动，电动机转子的转动通过联轴器传到轴XVI，该轴上固定连接着两个齿轮，通过齿轮的输出运动；将电动机-联轴器-轴XVI的运动传到轴XX上，此时，轴XX上的固结小车齿轮与承载系统小车上的齿条相啮合。因为手臂与承载系统小车是固定在一起的，因此可以实现手腕的伸出运动。

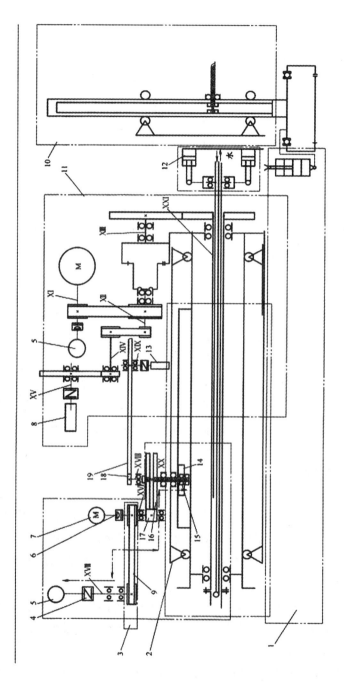

1—转动模块；2—承载系统小车；3—引出手腕伸出运动；4，6—联轴器；5—测速发电机；7—电动机；8，13—位置传感器；9—齿形带传动；10—提升模块；11—抓取机构；12—夹持器驱动气缸；14—齿条；15—固结小车齿轮；16，17—齿轮；18—固定齿轮；19—位置传感器传动装置的齿轮

图 4-30　GR 型机器人手臂机构的传动关系

另外，电动机转子依靠齿形带传动与测速发电机相连，并通过联轴器与轴XVII相连。在轴XVIII上装有固定齿轮，该固定齿轮与位置传感器传动装置的齿轮相啮合。

手腕的伸出运动相对于手臂而言是移动零件，也是重量的偏移。此时，偏移或偏移力矩对手臂运动很不利，偏移力矩过大，会引起手臂的振动，当手臂升降时还会发生一端沉现象，会影响运动的灵活性，严重时手臂与提升部件会卡死。所以，在设计手臂时，要尽量使手臂重心通过回转中心，或离回转中心要尽量接近，以减少偏移力矩。

4.3.4 手臂机构结构与分析

手臂的多种运动通常由驱动装置、传动装置、导向定位装置、支承连接件和位置检测元件等来实现，因此它受力比较复杂，其自重较大。由于手臂直接承受腕部、手部及被抓取工件的静、动载荷；尤其是高速运动时，将产生较大的惯性力，易引起冲击及影响定位的准确性。臂部运动部分零部件的重量直接影响着臂部结构的刚度和强度。对此，GR型机器人手臂结构必须根据机器人的运动形式、抓取重量、动作自由度、运动精度等因素来确定。同时，设计时必须要考虑手臂的受力情况、驱动装置及导向装置的布置、内部管路与手腕的连接形式等因素。

GR型机器人手臂结构如图4-31所示。该手臂机构主要由以下结构组成：承载系统，带位置传感器和测速发电机的驱动装置的直线移动机构，带谐波齿轮减速器的手腕传动机构，带抓取装置的手腕。

手臂承载系统包括机体、滚轮、承载轴承、承载轴及移动小车等。在机体中，有两个滚轮套在轴上，在机体的下部安装有两个辊轴，手臂可以在滚轮及辊轴上移动，由此可以引出承载系统。

手臂具有矩形截面，在手臂的侧面焊接着淬过火的导轨，在手臂的前端和后端均装有挡块。而在小车机体上与挡块相对的是弹簧缓冲器，该弹簧缓冲器用于缓和手臂行程到终端时的冲击。

在挡块与弹簧缓冲器接触之前，专用凸轮将会先碰到行程开关的滚轮上，并断开电动机的动力，此时手臂的轴向移动停止。

此外，在手臂的前、后端分别固接着前、后套筒。在前套筒中，滚针轴承内安装着空心轴，在空心轴上固定着手腕。在后套筒中，后轴承上装着齿轮，该齿轮靠渐开线花键与空心轴相连。空心轴内部可以安放冷却装置。

在后套筒上，沿后套筒的直径方向固定着上、下两个气缸，这两个气缸用于抓取器的压紧。在上气缸的端部安装着滑阀，该滑阀用以控制这些气缸的工作。在空心轴的套环上，靠法兰固定着带有抓取器的手腕；手腕通过拉杆与上、下气缸连接，即用拉杆与活塞上的杠杆相连。

在空心轴的轴颈上套着气缸轴套，该气缸轴套用来分离、冷却手臂及手腕的逆向液体流。

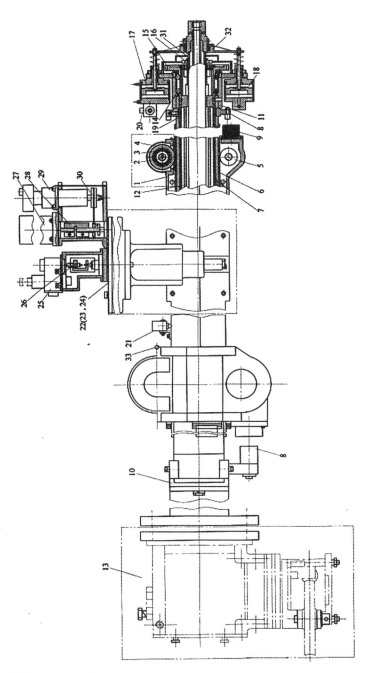

1—机体；2—承载轴；3—承载轴承；4—滚轮；5—辊轴；6—矩形截面手臂；7—导轨；8—挡块；
9—弹簧缓冲器；10—前套筒；11—后套筒；12—空心轴（中心轴）；13—手腕；14—后轴承；15—齿
轮；16—锥形挡块；17，18—夹持器的压紧用气缸；19—气缸轴套；20—滑阀；21—行程开关；22—
直线移动机构；23—输出齿轮；24—齿条；25—传感器；26，28—联轴器；27—电动机；29—测速发
电机；30—齿形带；31—拉杆；32—杠杆；33—专用凸轮

图 4-31　GR 机器人手臂结构图

在手臂承载系统的机体上固定着直线移动机构,直线移动机构的输出齿轮与固接在手臂上的齿条相啮合。此时,直线移动机构用于控制手臂沿垂直方向的位移。在直线移动机构的壳体上装着传感器及驱动装置,该驱动装置的输入轴用联轴器与直线移动机构的输出轴相连;在直线移动机构的壳体上还装着电动机,该电动机通过联轴器与直线移动机构的输入轴相连,并通过齿形带与测速发电机相连。

4.4　手腕机构的设计

手腕是用于支承和调整末端执行器姿态的部件,主要用来确定和改变末端执行器的方位和扩大手臂的动作范围,一般有 2~3 个回转自由度用以调整末端执行器的姿态。当然,有些专用机器人可以没有手腕而直接将末端执行器安装在手臂的端部。

手腕机构的设计要求包括以下几个部分:

(1)手腕要与末端执行器相连。对此,应有标准连接法兰,结构上要便于装卸末端执行器。由于手腕部安装在手臂的末端,在设计手腕时,应力求减少其重量和体积,结构紧凑。为了减轻手腕部的重量,腕部机构的驱动器采用分离传动。腕部驱动器一股安装在手臂上,而不采用直接驱动,并选用高强度的铝合金制造。

(2)要设有可靠的传动间隙调整机构,以减小空回间隙,提高传动精度。

(3)手腕各关节轴转动要有限位开关,并设置硬限位,以防止超限造成机械损坏。

(4)手腕机构要有足够的强度和刚度,以保证力与运动的传递。

(5)手腕的自由度数应根据实际作业要求来确定。手腕自由度数目越多,各关节的运动角度越大,则手腕部的灵活性越高,对作业的适应能力也越强。但是,自由度的增加,必然会使腕部结构更复杂,手腕的控制更困难,成本也会增加。在满足作业要求的前提下,应使自由度数尽可能少。要具体问题具体分析,考虑机械手的多种布局及运动方案,使用满足要求的最简单的方案。

除此之外,手腕的设计还要满足结构紧凑、重量轻;动作灵活、平稳,定位精度高;强度、刚度高;与臂部及手部的连接结构合理,与传感器和驱动装置的布局合理及安装等要求。

4.4.1　手腕机构设计流程

手腕机构设计流程的内容包括运动性能、力学特性、机械结构、精度要求、详细设计、验证与修改等。在此仅以 GR 型机器人手腕机构为例进行探讨。

1. 方案制定

手腕在操作机的最末端并与手臂配合运动,实现安装在手腕上的末端执行器的空间运动轨迹与运动姿态,完成所需要的作业动作。

制定手腕机构的方案时,应明确手腕机构在机器人整机中的作用及位置。由于手腕安装在手臂的末端,在减轻手臂载荷的同时应力求手腕部件的结构紧凑,减少重量和体积。

　　为了满足机器人手腕机构的要求，GR 型机器人手腕旋转是由电动机驱动的；抓取器采用气动。

　　考虑到热冲压用机器人的工作特性，应设置冷却装置。例如，手腕的机体内部设计有冷却液循环内腔；靠近手腕部分设计有水套冷却等。

　　2. 运动性能及参数

　　GR 型机器人手腕机构的运动性能及参数要求如表 4-8 所示。

　　通过绘制 GR 型机器人手腕机构的传动链或运动原理简图，可保证机器人的手腕和末端操作器能以正确的姿态抓取工件。

表 4-8　　　　　　　　　　　　手腕机构运动性能与参数（GR 型）

运 动 性 能	数 值
位移范围： 手腕伸出/mm 手腕相对纵轴（Z 轴）转动/(°) 运动关联性能： 手臂在水平面转动/(°) 手臂提升/mm	 1500 90 340 800
位移速度： 手腕伸出/(m/s) 手腕转动/[(°)/s] 运动关联性能： 手臂转动/[(°)/s] 手臂提升/(m/s)	 1.5 90 150 0.6

　　3. 力学特性

　　针对 GR 型机器人手腕机构的设计对象，制定满足其结构的力学特性与参数，其参数如表 4-9 所示。

　　为了保证手腕与手臂的同轴性，将手腕固定在手臂的空心轴上，但这样会削弱手腕、手臂的刚度，为此应进行刚度的验算。

表 4-9　　　　　　　　　　　　手腕机构力学特性与参数（GR 型）

力 学 特 性	数 值
机器人承载能力/kg	40
抓取力/N	6000
手臂伸缩机构电动机功率/kW	2.2
直线移动机构电动机功率/kW	2.2
力学关联性能	—

对手腕机构的关键零部件应进行强度、刚度、稳定性等计算。

4. 零部件建模与设计

在满足运动性能计算、力学特性分析的前提下进行 GR 型机器人手腕机构的零部件建模与设计。机械结构特殊要求如表 4-10 所示。

表 4-10 　　　　　　　　　　**手腕机构机械结构特殊要求 (GR 型)**

机械结构特性	数 值
机器人质量 (数控装置除外) /kg	1200
机械结构关联性能	—

该设计应包括手腕关键零件及专用零部件的详细设计、优化设计等。

5. 精度要求

在手腕机构的零部件结构设计时，必须考虑选用件的匹配及零部件间的配合，也包括传动误差分析，以满足精度要求，其精度要求如表 4-11 所示。

表 4-11 　　　　　　　　　　**手腕机构精度要求 (GR 型)**

定 位 误 差	数 值
最大定位误差/mm	±2

6. 详细设计、验证与修改

在上述基础上进行手腕机构及全部零部件的详细设计，验证手腕机构的运动性能、力学特性及精度要求，修改零件的机械结构，直至满足各项技术要求。

4.4.2 手腕机构原理

手腕机构的自由度越多，各关节的运动范围越大，动作灵活性也越高，但这样的运动机构会使手腕结构复杂。对此手腕部件设计时应尽可能减少自由度，而增加手腕结构的多样化。

手腕机构有多种形式，不同的运动方式其机构也因此不同，可以按照所要完成的工艺任务进行更换。

GR 型机器人手腕机构采用了手臂纵轴与转动轴相重合的方式，这样，手腕与手臂可以配合运动。例如，手臂运动到空间范围内的任意一点后，要改变手部的姿态(方位)，则可以通过腕部的自由度来实现。

GR 型机器人手腕机构的结构形式 A 如图 4-32 所示，该手腕通过法兰与手臂连接，手腕固定在手臂前法兰的机体上。

手腕结构形式 A 中，手腕的旋转是由电动机驱动的，该电动机把动力传递到减速器输出轴上并通过齿轮传动与手臂空心轴相连，手腕固定在手臂空心轴上。

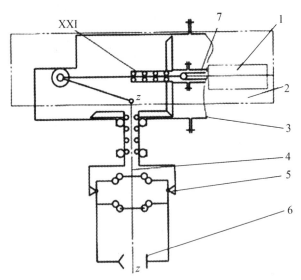

1—电动机；2—手臂机构；3—手臂前法兰上的机体；4—推杆；5—滑架；6—夹持器；
7—减速器输出轴；XXI—手臂空心轴

图 4-32　GR 机器人手腕机构的结构形式 A

该机构中的推杆用来推动其中的滑架做上下移动，并使得齿轮带动抓取器的壳体进行旋转运动，即绕着轴 $Z\text{-}Z$ 旋转运动，由此实现相对垂直轴的转动。

另一种手腕机构如图 4-33 所示，即 GR 型机器人手腕机构的结构形式 B。

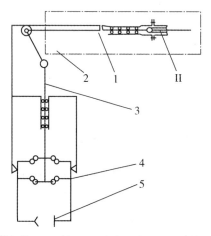

1—推杆(带有齿条)；2—手臂机构；3—轴；4—夹紧机构；5—夹持器钳口；II—转动轴

图 4-33　GR 机器人手腕机构的结构形式 B

在图 4-33 所示的结构形式 B 中，手臂的纵轴与转动轴轴向重合。在手臂机构中，推杆及齿条的作用迫使手臂的运动传递到手腕机构中的轴上；另外，抓取器钳口与夹紧机构固连，夹紧机构上的齿条与推杆的齿条啮合，以实现对手腕的控制。

4.4.3　手腕机构结构与分析

手腕结构设计时注意解决的问题：①手腕处于手臂末端，需减轻部件的载荷。腕部机构的驱动装置采用分离传动，将驱动器安置在臂的后端；②提高手腕动作的精确性。分离传动采用传动轴，尽量减少机械传动系统中由于间隙产生的反转误差，提高传动刚度；③自由度的实现。

手腕与手臂关联密切。手臂运动给出了机械手末端执行器在其工作空间中的运动位置，而安装在手臂末端的手腕，则给出了机械手末端执行器在其工作空间中的运动姿态。上述两种带抓取器的手腕结构，均是通过固定法兰与手臂机构相连接，手腕运动的输入中心轴线与手臂的纵向轴线重合，两种结构均可以用于 GR 型机器人。

1. 带抓取器手腕的结构形式 A（图 4-34）

该手腕机构由机体、支撑板、纵向推杆、拉杆、滚轮、搭板、垂直推杆、带滚轮的滑架、滚轮、杆件、轴、钳口、垂直推杆齿轮、抓取器及柱销等组成。

该手腕机构的结构特点是可以实现相对于轴Ⅰ的转动。手臂机构的前支架刚性连接着主动齿轮，主动齿轮与垂直推杆齿轮相啮合，此时垂直推杆齿轮可以带动抓取器的壳体旋转。

该机构中存在两个推杆，即纵向推杆和垂直推杆，它们分别是实现纵向运动和垂直运动的重要零件。

结构中，机体和支撑板之间组成了纵向槽，在所组成的纵向槽中有可移动的纵向推杆，该纵向推杆通过螺纹固定在拉杆上。同时，在纵向推杆的中心轴上安装着支撑板及沿支撑板滚动的滚轮。纵向推杆的轴、垂直推杆的轴分别与搭板相互铰接在一起。当纵向推杆向右移动时，带动滑架及垂直推杆一起向下移动，该移动作用在滚轮上；滚轮的运动使得抓取器的杆件绕抓取器轴转动，此时钳口夹紧零件。当纵向推杆向左运动时，滑架将向上移动，而杠杆向反方向转动，此时钳口则松开零件。

夹紧力大小是由滚轮轴之间的夹角确定的，即夹角的大小依靠拉杆的轴向移动来调整。当滚轮轴之间角度一定时，则钳口夹紧力便可以确定。在抓取器的壳体中安装有柱销，该柱销推动抓取器夹紧机构的滑架进行工作。

2. 带抓取器手腕的结构形式 B（图 4-35）

该手腕机构由机体、纵向推杆、拉杆、抓取器杠杆、钳口、齿轮、齿条、水套、杠杆轴及导向滚轮等组成。

在带抓取器手腕的结构形式 B 中，转动轴Ⅱ与手臂的纵轴相重合。纵向推杆上连接有齿条，即纵向推杆齿条；抓取器杠杆的径向安装有两个齿条，即抓取器杠杆齿条，这两个抓取器杠杆齿条分别与抓取器的两个钳口连接。纵向推杆齿条与齿轮相啮合，该齿轮同样也与装在抓取器杠杆上的径向两个齿条相啮合，对此可以实现抓取器钳口的夹紧动作。

该手腕机构用于热加工时，为冷却在高温区域中工作的手腕，在机体中加工有通孔，通过该通孔形成冷却液循环内腔。手臂的前端依靠水套冷却，该水套内部做成双头螺旋式

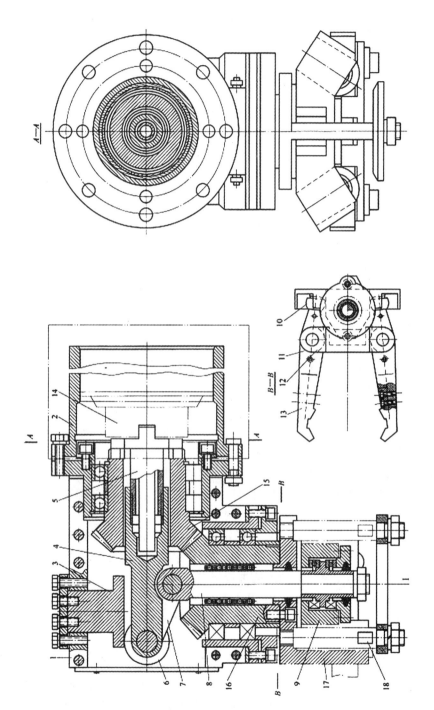

1—点击；2—手臂；3—支撑板；4—纵向推杆；5—拉杆；6，10—滚轮；
7—搭板；8—垂直推杆；9—滑架；11—杆件；12—夹持器轴；13—钳口；14—手臂机构的前支架；
15—主动齿轮；16—垂直推杆齿轮；17—夹持器；18—柱销

图 4-34　带夹持器手腕的结构形式 A

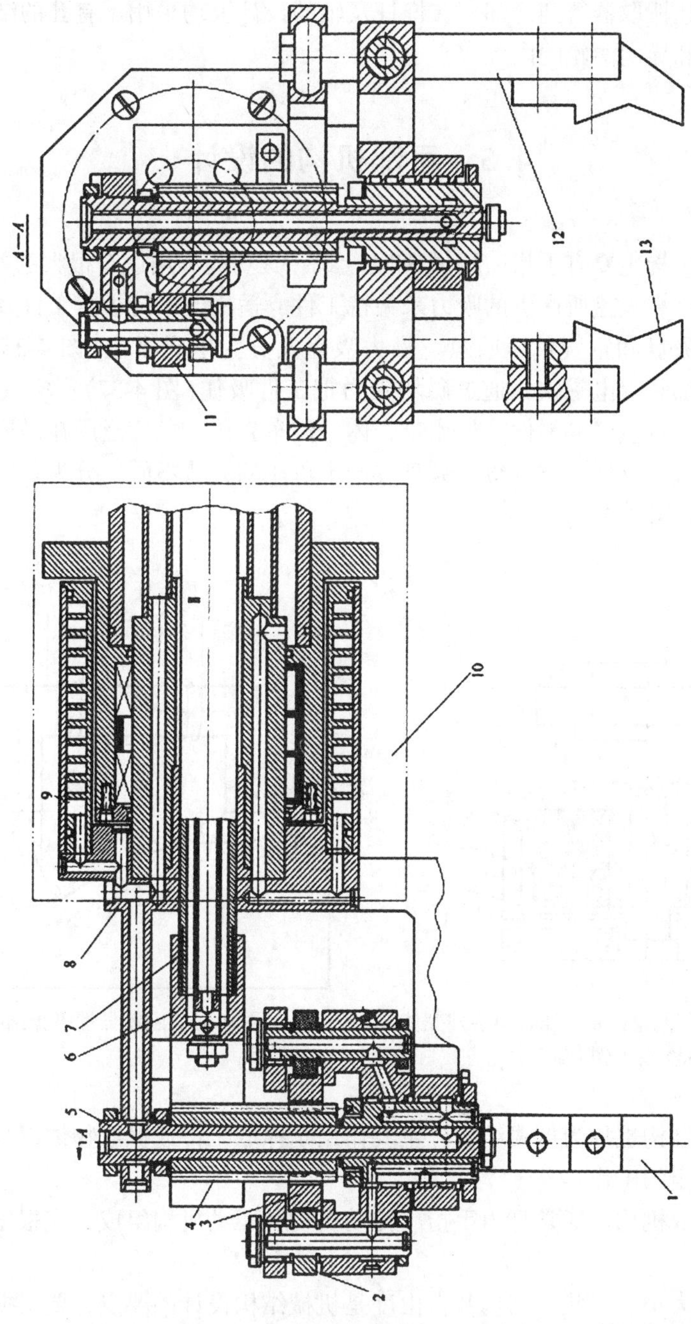

1—钳口；2，11—导向滚轮；3—夹持器杠杆齿条；4—齿轮；5—轴；6—纵向推杆；7—拉杆；8—机体；9—水套；10—手臂；12—夹持器杠杆；13—杠杆轴

图 4-35　带夹持器手腕的结构形式 B

矩形槽,水可以沿着一个螺旋槽进入冷却水套,而再沿着另一个螺旋槽向后并且回到手臂的内腔中。为了让抓取器得到冷却,在推杆及轴的设计上均采用了有孔的结构,水可以通过孔进入杠杆轴和导向滚轮的内腔。

4.5　手部机构的设计

常用的手部结构主要有手指(爪)式和吸盘式,其功能和用途有很大的差别。

吸盘式手部是靠吸盘所产生的吸力来夹持工件,适用于吸持板状工件及曲形壳体类工件,可分为磁力吸盘和空气负压吸盘。磁力吸盘又分为电磁吸盘(图 4-36)和永磁吸盘,磁力吸盘是在手部装上电磁铁,通过磁场吸力把工件吸住(图 4-37);空气负压吸盘主要用于搬运体积大、重量轻的零件,如冰箱壳体、汽车壳体,也广泛用在需要小心搬运的如显像管、平板玻璃等物件。空气负压吸盘按产生负压的方法不同,分为真空式、喷气式和挤气式(图 4-38 和图 4-39)。

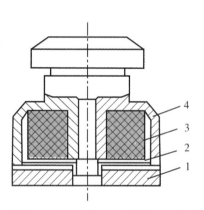

1—磁盘;2—防尘盖;3—线圈;4—外壳体
图 4-36　电磁吸盘结构

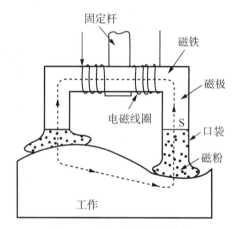

图 4-37　磁粉异性吸盘结构

手指式手部结构也称为爪式结构,主要作用是抓取工件或抓取物体以及让工具按照规定的程序完成指定的工作。

手爪亦称抓取机构,通常是由手指、传动机构和驱动机构组成,应根据抓取对象和工作条件进行设计。

手爪自身的大小、形状、结构和自由度是机械结构设计的要点,要根据工作对象的大小、形状和位姿等几何条件,以及重量、硬度、表面质量等物理条件来综合考虑,同时还要考虑手爪与被抓物体接触后产生的约束和自由度等问题。

智能手爪还装有相应的传感器(触觉或力传感器等),能感知手爪与物体的接触状态、物体表面状况和夹持力大小等。

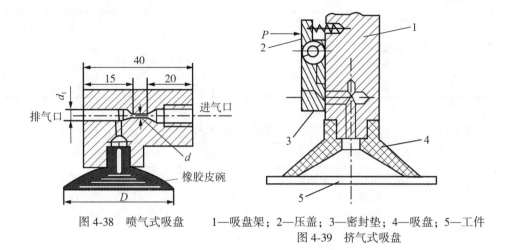

图 4-38 喷气式吸盘　　　1—吸盘架；2—压盖；3—密封垫；4—吸盘；5—工件

图 4-39 挤气式吸盘

因此，手部设计的主要研究方向是柔性化、标准化、智能化。

在抓取机构的设计过程中，应注意以下几个问题：

(1)设计合适的开闭距离或角度，以便抓取和松开工件。

(2)足够的夹紧力，保证可靠、安全地抓持和运送工件。

(3)能保证工件在手指内准确定位。

(4)尽可能使结构紧凑、重量轻。

(5)考虑通用性和可调整性。

(6)考虑对环境的适应性，如耐高温、耐腐蚀、耐冲击等。

4.5.1 抓取机构设计流程

抓取机构设计流程的内容包括方案制定、抓取机构要求、力学特性、机械结构、精度要求、详细设计、验证与修改等。

1. 方案制定

抓取装置设计中，由于机构和控制系统方面的限制，很难设计出像人手那样的抓取装置，同时，由于对多数工作现场来说，对机器人的工作要求是有限的，因此，抓取装置的设计主要应该针对一定的工作对象来进行。

机械抓取装置是目前应用最广的抓取形式，可见于多种生产线机器人中，它主要是利用开闭的机械机构以实现对特定物体的抓取。因此，制定抓取机构的方案时，应首先明确工作对象，了解抓取机构在机器人整机中的作用及位置，满足机器人抓取机构的要求。

2. 抓取机构要求

抓取机构可以设计成可换式抓取机构及快换式抓取机构两种结构形式。当抓取机构用以抓取轴类零件时，其抓取机构的要求如表 4-12 和表 4-13 所示。

表 4-12　　　　　　　　　　　　　　可换式抓取机构

可换式抓取机构的要求	数　值
抓取轴直径范围/mm	40~90
抓取轴长度/mm	约 250
抓取轴质量/kg	0~4

表 4-13　　　　　　　　　　　　　　快换式抓取机构

快换式抓取机构的要求	数　值
抓取轴直径范围/mm	40~100
抓取轴长度/mm	约 500
抓取轴质量/kg	0~3

3. 力学特性

抓取机构的力学特性通常与执行机构有关。①执行机构具有与抓取器位置无关的固定的作用力传递系数；②执行机构具有与抓取器位置有关的变作用力传递系数，具有变传递关系的执行机构有可能达到较大夹紧力，但一般最大的作用力只能在移动范围较小的情况下达到。

与此相关，为保证在较大尺寸范围内可靠地抓取物体，必须在抓取装置中采用带固定传动比的机构，如齿轮齿条机构、螺旋传动、某些杠杆机构等，或考虑重新调整采用变传动比的执行机构，如杠杆类。

针对抓取机构，制定满足其结构的力学特性与参数如表 4-14 所示。

表 4-14　　　　　　　　　　　抓取机构力学特性与参数

力　学　特　性	数　值
抓取力/kg	5
力学关联性能	0.8~0.9

对抓取机构的关键零部件应进行强度、刚度、稳定性等计算。

4. 零部件建模与设计

在满足抓取机构要求、力学特性的前提下进行抓取机构的专用零件建模与设计。机械结构特殊要求如表 4-15 所示。

表 4-15　　　　　　　　　　抓取机构机械结构特殊要求

机械结构特性	数　值
质量/kg	0.3~1
机械结构关联性能	0.8~0.9

该设计应包括专用零件的详细设计、优化设计等。

5. 精度要求

在设计抓取机构的零部件结构时，必须考虑选用件的匹配及零部件间的配合，以满足精度要求，其精度要求如表 4-16 所示。

表 4-16 抓取机构精度要求

定 位 误 差	数 值
最大定位误差/mm	20
安装稳定性/mm	5

6. 详细设计、验证与修改

在上述基础上进行抓取机构及专用零件的详细设计，验证抓取机构的性能、力学特性及精度要求，修改零件的机械结构，直至满足各项技术要求。

4.5.2 抓取机构原理

抓取装置(器)的结构是由动力源所决定，动力源将驱动装置的运动转变为抓取器工作元件所必需的位移。在抓取装置中，通过各种执行机构将驱动装置输出杆件的直线和回转运动，以固定的比例转变为工作元件的直线移动或转动。

(1)采用气动抓取器形式时，抓取器钳口的夹紧与松开是在空气进入手臂承载系统的气缸中产生的。气缸的活塞杆通过杠杆作用带动有滚轮的推杆，它同样也移动抓取器杠杆的滚子，在拉杆向后行程中产生夹紧，而在向前行程中松开钳口。

(2)对于抓取器的分类，从工艺观点来看，最重要的是按照操作对象的定位特性来分类，可以分为定位式抓取装置和定心式抓取装置两大类。①当向夹具、储料装置或机床工作机构安装物体时，由定心式抓取装置来确定物体(如毛坯、零件、工具等)的轴线位置或对称平面。在定心式抓取装置中用得最多的是机械式夹紧的抓取装置，它通常具有钳口、凸轮、V 形铁等形式的抓取器工作元件。另外还有特殊结构的定心式抓取装置，即在空气压力作用下，其内腔可以变形的弹性筒式抓取装置。定心式抓取装置决定了被操作物体安装平面的位置。②定位式抓取装置则可以保持被操作物体在抓取瞬时的位置。若需要被操作物体重新定位，则抓取装置应能独立地控制每一工作元件的位移。此外，还有带传感器的抓取装置。带有传感器的多杆铰链手，具有能独立地控制每一工作元件的位移，并使操作物体重新定位的性能。但是，具有该性能的抓取装置，其结构及控制均较复杂。

4.5.3 抓取机构结构与分析

对于应用广泛的抓取装置来说，被抓取物体的结构可以是短旋转体(法兰类)、长旋转体(轴类)，也可以是棱形体(机壳类)等，按照被抓取物体的形状和外形尺寸的不同，其抓取装置对应有不同的结构。

在设计或选择工业机器人的抓取装置时，必须考虑以下问题：①工业机器人所服务的基本和辅助工艺装备的类型和结构(如机床、储料或输送装置等)；②操作物体的特征；③工业机器人自身结构和形式；④机器人技术综合装置所完成的工艺过程特点。以下针对不同类型的抓取器分别予以介绍。

1. 轴类零件抓取器

轴类零件抓取器应用广泛，在某些领域可以视为通用机构。

图 4-40 和图 4-41 分别给出了用于直径变化范围较大的光轴及阶梯轴类零件单定位抓取器的结构形式。

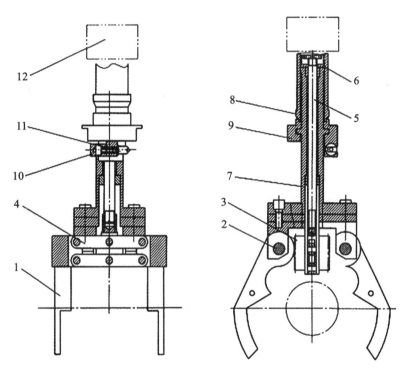

1—夹持杠杆；2—轴；3—齿条；4—铰链杠杆；5—拉杆；
6—套筒(夹持器松开加紧传动装置的套筒)；7—夹持器尾柄；8—手腕主轴；
9—接头；10—附加杆；11—螺母；12—手腕
图 4-40 可换式夹持装置(结构 1)

这两种结构形式的共同特点是：无论被抓取工件的轴向尺寸多大，均能保证工件的定心而与被抓取工件直径无关。该结构是依靠抓取器钳口轮廓来达到较高的安装稳定性。其两个抓取杠杆与对应的夹紧钳口做成一体，自由地装在对应的轴上。在抓取杠杆上做出扇形齿，该扇形齿与齿条成对地啮合；同时，该齿条与铰链杠杆相连，以形成铰链平行四边形。这样，铰链平行四边形能够保证每一对夹紧杠杆的独立工作，而且它也是保证抓取阶梯轴定心所必需的。拉杆和套筒中的槽连接处、抓取器尾柄与手腕主轴的头部扣榫接头处

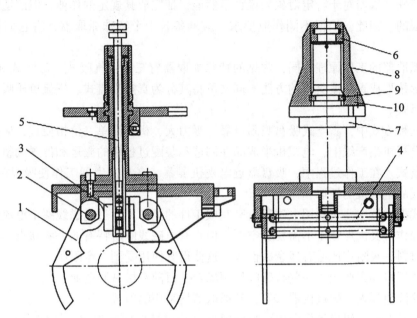

1—夹持杠杆；2—轴；3—齿条；4—铰链杠杆；5—拉杆；

6—套筒(夹持器松开加紧传动装置的套筒)；7—夹持器尾柄；

8—手腕主轴；9—接头；10—定位销

图 4-41　可换式夹持装置(结构 2)

均可以做成标准化的，标准化后便可以设计成可换式、快换式两种结构形式。

图 4-41 结构为其中一种可换式抓取装置，包括抓取杠杆、轴、齿条、铰链杠杆、拉杆、套筒、抓取器尾柄、手腕主轴、扣榫接头、附加杆及螺母等。

对该结构形式的抓取器来说，被抓取的轴类零件其直径范围为 40～90mm，长度可以达 250mm。该结构中，尾柄用扣榫接头、带螺纹的附加杆和螺母固定在手腕主轴上。

还有其他种类的可换式抓取装置，如某可换式抓取装置是依靠法兰固定在手腕上的，该法兰带有中心孔、法兰圈周围有紧固螺纹孔。这种抓取装置的位置固定，是最简单、最通用的。

在快换式抓取装置中有一扣榫接头，可用在自动可换式抓取器中。安装时尾柄和同时放松的定位销都进入槽中。当抓取器转过 90°时，在弹簧作用下，定位销可以进入法兰的孔中，完成抓取器的快换。

2. 其他机械抓取器

抓取器还有多种类型。例如，带杠杆型接触传感器的抓取器机构；双位置对心式抓取装置；带法兰类零件气压传动抓取器装置；重轴类零件液压驱动抓取器；大直径法兰类零件的液压驱动双位置抓取装置；其他专用抓取机构等。

3. 特殊抓取器

由于机械抓取器的重量、体积较大，给使用带来了局限性。还有，在要求能操作大型、易碎或柔软物体的作业中，刚性的机械抓取器是无法抓取对象的，对此可以采用特殊抓取器。特殊抓取器对于特定对象来说，虽然能保证完成其规定的作业，但能适应的作业种类是有限的。因此，根据不同作业要求，应准备若干个特殊抓取器，将它们替换安装使用。

根据抓取器的工作原理不同，常见的特殊抓取器有三种：气吸式、磁吸式和喷射式。气吸式手部按形成真空或负压的方法不同又可将其分为真空吸盘式、气流负压吸盘式和挤气负压吸盘式。

在这几种方式中，真空式吸盘吸附可靠、吸力大、机构简单、价格便宜，应用最为广泛。如在电视机生产线上，电视机半成品在制造和装配过程中的搬运和位置调整，主要采用真空吸盘式。在工作过程中，吸盘靠近电视机屏幕，真空发生器工作使吸盘吸紧屏幕，以实现半成品电视机的抓取和搬运。

磁吸式抓取器主要是利用电磁吸盘来完成工件的抓取，通过电磁线圈中电流的通断来完成吸附操作。其优点在于不需要真空源，但它有电磁线圈所特有的一些缺点，它仅能适用于磁性材料，吸附完成后有残余磁性等，这使得其使用受到一定限制。

喷射式抓取器主要用于一些特殊的使用场合，目前在机械制造业、汽车工业等行业中已使用的喷漆机器人、焊接机器人等，其抓取器均采用喷射式。

在常见的搬运、码垛等作业中，特殊抓取器与机械抓取器相比，结构简单、重量轻，手部具有较好的柔顺性，但其对于抓取物体的表面状况和材料有较高的要求，使用寿命也有一定局限。

第5章　机器人控制系统设计

控制系统是决定机器人功能和性能的主要因素，在一定程度上制约着机器人技术的发展。它的主要任务就是控制机器人在工作空间中的运动位置、姿态和轨迹、操作顺序及动作的时间等。模块化、层次化的控制器软件系统、网络化机器人控制器技术等关键技术直接影响到机器人的速度、控制精度与可靠性。目前，机器人控制系统将向着基于 PC 机的开放型控制器方向发展，便于标准化和网络化，伺服驱动技术的数字化和分散化。

5.1　机器人控制系统简介

机器人控制系统种类很多，它是现代运动控制系统应用的一个分支。目前常用的运动控制器从结构上主要分为以单片机为核心的机器人控制系统、以 PLC 为核心的机器人控制系统、基于 IPC+运动控制器的工业机器人控制系统。

(1)以单片机为核心的机器人控制系统是将单片机(MCU)嵌入运动控制器中，能够独立运行，并且带有通用接口方式方便与其他设备通讯。单片机是单一芯片集成了中央处理器、动态存储器、只读存储器、输入输出接口等，利用它设计的运动控制器电路原理简洁、运行性能良好、系统的成本低。

(2)以 PLC 为核心的机器人控制系统。PLC 即可编程逻辑控制器，一种用于自动化实时控制的数位逻辑控制器，专为工业控制设计的计算机，符合工业环境要求。它是自控技术与计算机技术结合而成的自动化控制产品，目前广泛应用于工业控制各个领域。以 PLC 为核心的机器人控制系统技术成熟、编程方便，在可靠性、扩展性、对环境的适应性有明显优势，并且有体积小、方便安装维护、互换性强等优点；有整套技术方案供参考，缩短了开发周期。但是和以单片机为核心的机器人控制系统一样，不支持先进、复杂的算法，不能进行复杂的数据处理，虽然一般环境可靠性好但在高频环境下运行不稳定，不能满足机器人系统多轴联动等复杂的运动。

(3)基于运动控制器的机器人控制系统。基于 IPC+运动控制器是工业机器人系统应用主流和发展趋势。基于 IPC 机器人控制系统的软件开发成本低，系统兼容性好，系统可靠性强，计算能力优势明显，因此由于计算机平台和嵌入式实时系统的使用为动态控制算法和复杂轨迹规划提供了硬件方面的保障。

常见的机器人控制方法主要有基于模型的控制方法、PID 控制、自适应控制、鲁棒控制、神经网络控制和模糊控制、迭代学习控制、变结构控制以及反演控制设计方法等。

5.1.1 机器人控制系统的组成及功能

机器人控制系统的任务是根据机器人的作业指令以及从传感器反馈回来的信号，支配机器人的执行机构去完成规定的运动和功能。如果机器人不具备信息反馈特征，则为开环控制系统；具备信息反馈特征，则为闭环控制系统。根据控制原理可分为程序控制系统、适应性控制系统和人工智能控制系统。根据控制运动的形式可分为点位控制和连续轨迹控制。

对于一个具有高度智能的机器人，它的控制系统实际上包含了"任务规划""动作规划""轨迹规划"和基于模型的"伺服控制"等多个层次，如图 5-1 所示。首先，机器人要通过人机接口获取操作者的指令，指令的形式可以是人的自然语言，或者是由人发出的专用的指令语言，也可以通过示教工具输入的示教指令，或者键盘输入的机器人指令语言以及计算机程序指令。其次，机器人要对控制命令进行解释理解，把操作者的指令分解为机器人可以实现的"任务"，这就是任务规划。然后，机器人针对各个任务进行动作分解，这就是动作规划。为了实现机器人的一系列动作，应该对机器人每个关节的运动进行设计，即机器人的轨迹规划。最底层是关节运动的伺服控制。

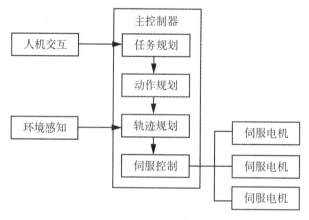

图 5-1 机器人控制系统组成

5.1.2 机器人控制的关键技术

机器人控制系统是机器人的大脑，是决定机器人功能和性能的主要因素。工业机器人控制技术的主要任务就是控制工业机器人在工作空间中的运动位置、姿态和轨迹、操作顺序及动作的时间等。具有编程简单、软件菜单操作、友好的人机交互界面、在线操作提示和使用方便等特点。

机器人控制的关键技术包括：

（1）开放性模块化的控制系统体系结构：采用分布式 CPU 计算机结构，分为机器人控制器(RC)，运动控制器(MC)，光电隔离 I/O 控制板、传感器处理板和编程示教盒等。机器人控制器(RC)和编程示教盒通过串口/CAN 总线进行通讯。机器人控制器(RC)的主计算机完成机器人的运动规划、插补和位置伺服以及主控逻辑、数字 I/O、传感器处理等功能，而编程示教盒完成信息的显示和按键的输入。

(2)模块化层次化的控制器软件系统：软件系统建立在基于开源的实时多任务操作系统 Linux 上，采用分层和模块化结构设计，以实现软件系统的开放性。整个控制器软件系统分为三个层次：硬件驱动层、核心层和应用层。三个层次分别面对应不同的功能需求，对应不同层次的开发，系统中各个层次内部由若干个功能相对对立的模块组成，这些功能模块相互协作共同实现该层次所提供的功能。

(3)机器人的故障诊断与安全维护技术：通过各种信息，对机器人故障进行诊断，并进行相应维护，是保证机器人安全性的关键技术。

(4)网络化机器人控制器技术：目前机器人的应用工程由单台机器人工作站向机器人生产线发展，机器人控制器的联网技术变得越来越重要。控制器上具有串口、现场总线及以太网的联网功能。可用于机器人控制器之间和机器人控制器同上位机的通讯，便于对机器人生产线进行监控、诊断和管理。

5.2 控制基础理论

在前面的章节里，我们介绍了构造机器人的元件和部件。然而，这些元部件需要被组装起来，并且组装在一起的整体必须以协调的方式进行控制，以实现预期目的。有许多方法来制造机器人，但有代表性的是在机器人上设计一个控制系统，通常是一个在机器人本体上的计算装置。例如，机械臂是由关节、连杆和抓手机构组成的；如果机械臂需要拾起一个物体，所有的关节必须动作协调一致，使抓手移动到物体，张开，然后拾起物体；这些动作的执行要求对许多执行机构的精密控制。

就拿电脑鼠机器人来说，它的元器件包括相关电路的传感器、电机、蓄电池、驱动电机的电路、微控制器和与其配套的集成电路。组装好的机器人必须能适当地运动。典型的，机载智能需要做出决定，如它们去哪、做什么。这些智能是通过一个设计好并存储在机载计算处理装置内存里的程序来实现的。然而，机器人的一些基础动作是向前或向后移动；保持一定的速度；还有转，弯等。假说机器人要完成如下动作：两轮机器人从起始点出发，加速达到一定的速度，然后减速并停在终点。这个完整的动作通过使得轮子按设定的特性曲线加速到最大速度，然后减速并停在规定的距离或目标点上就可以得到。我们需要通过一个规划来设定速度。问题是机器人怎样执行才能实现期望的速度呢？这时，控制理论该派上用场了。

事实上，控制理论可以被应用在机器人关节上、驱动轮电机上、经济社会上，甚至人群中，只要其目标是清楚已知的。在本书中，我们只涉及在机器人上应用的控制理论。

这些年，控制理论已经得到了广泛的发展，也开发了许多技术。为了更好地理解受控对象，数学原理也得到了发展。因此，第一步是依据原因和结果或输入和输出来理解被控对象。然后才是应用控制器，使得被控对象产生期望的结果。Raven（1987）、Philips 和 Harbor（1988）、Ogata（1990）、D'Azzo 和 Houpis（1995）、Kuo（1987）和 Astrom 和 Wittenmark（1990）是一些非常有用的进一步研究参考资料。在深入学习之前，我们先学习在控制理论中的一些基本术语。

（1）对象：对象可以定义为一个物理实体，这个实体接受任何形式的能量作为输入（原因）和产生一个输出（结果）。直流电机驱动机器人轮子是一个简单的对象，接入电机接线端的电压是其输入，轮子的速度是输出。系统和对象是在控制工程文献中有很广泛使用的两个术语。有时，它们是相互交叉使用，比较混乱。图 5-2 所示是一个典型的对象方框图。

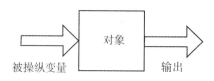

图 5-2　一个对象及其输入和输出

（2）输入和输出：输入到对象的是被操纵变量。例如，在速度控制系统中，电压驱动直流电机是输入（被操纵变量），负载传动轴的旋转速度是输出。

（3）系统和子系统：一个系统不止只有一个对象，它是由以对象为核心，与其周围其他元件组成。

例如，电机是"速度控制系统"的核心，还有一些仪器设备如编码器安装在电机轴上。编码器也需要附加的器件，如用来测量位置数字量的"解码集成电路"。我们把编码器和解码器称为一个仪器子系统。通过计算机来处理实际速度并与期望速度进行比较，计算机通过产生一个被操纵变量来控制电机的输入电压，从而控制电机的速度。这个作用需要一些中间步骤，每个步骤可以称为一个子系统。对象（电机）和所有的放在一起的外围设备的全部集成被统称控制系统。在某些情况下，一个控制系统也可包含一些作为它自身一部分的控制子系统。

5.2.1　对象的类型

理解对象和系统是怎么被分类的是必要的。总体来说，基于输入与输出关系的性质，或它们参数的性质，被控对象可以用许多方式进行分类。

5.2.1.1　线性或非线性对象

在线性对象中，其输入与输出关系是线性的，因此，它服从叠加原理。例如，在电阻中，电流与电压之间的关系是线性的，如图 5-3 所示，电阻两端的电压升高将引起通过电阻的电流的成比例的增加。对于非线性的对象，输入和输出的关系是非线性的。例如磁化电流和磁通密度之间的关系，它们是非线性的，如图 5-3 中所示，在磁心中，通过继续增大电流，我们不能看到磁通密度成比例的增长。

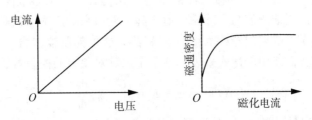

图 5-3 线性对象（电阻）和非线性对象（磁心）的例子

5.2.1.2 时不变或时变对象

在一个时不变线性对象中，对象的所有参数不会随着时间变化而变化。电阻电路就是一个好的例子，因为电压和电阻的关系不受时间的影响。另外，在时变线性对象中，一个或更多的对象参数将会随时间而变化。

5.2.2 基于控制系统的分类

另一种控制系统的分类是基于控制类型。这种分类取决于我们所用的，使系统性能满足我们的要求和规定的控制类型。在整个系统框架之中这些分类都是可用的。

5.2.2.1 模拟或数字系统

模拟控制器直接使用模拟元件，如放大器、气动或液压控制器等来控制对象。然而，在机器人中应用模拟控制系统的方法是过时的。

计算机实现的数字控制是可以更灵活和更有效地处理复杂情况的现代控制方法，由于廉价计算机硬件的普及，数字控制已经出现并占有优势了。在使用数字控制器的系统中，计算机读取对象的输出，与期望值进行比较，计算出所要求的控制输入或被操纵变量。就像前面提到的，这样的一些系统更加的灵活、便宜，并且功能更加强大。此外，数字控制器能容易和其他内部和外部的系统通信，这些特点使得它们也非常适合分级系统和分布式系统。

5.2.2.2 开环或闭环系统

（1）开环：开环系统的输出既不被测量也不被利用（即反馈），因此，它的输出是不影响被操纵变量的。这种系统必须建立准确的数学模型，然后仔细校准控制系统。因此，在机器人上极少使用开环系统。

（2）闭环：在闭环系统中，输出不断地被检测，并且反馈回来。根据误差，被操纵变量不断地被调整，以期达到目标。闭环系统的主要思想是基于反馈的控制，但反馈必须是适当的。

（3）一个知名的闭环控制器：到目前为止，我们一般都是使用术语"控制器"。在更深入研究之前，我们来探讨一下"控制器"的基本含义是什么？大多数闭环控制器都是基于误差的。控制器是使用期望值与实际输出值之间的差值来决定施加到对象信号的大小和符号。最有名的基于误差的控制器称为 PID 控制器，这个控制器包含了比例、积分和微分控制器。数学上，我们能用表达式来表达这个施加到对象上的控制器的输出为

$$m(t) = K_p e + K_i \int e dt + K_d \frac{de}{dt} \tag{5-1}$$

式中，e 就是期望值与输出值间的误差；K_p 是比例增益；K_i 是积分系数；K_d 是微分系数。调整这三个参数之后，PID 控制器的输出就能被输入到对象。我们将在下面的章节深入探讨 PID 控制器。

5.2.3　智能机器人结构的需求

在控制理论之中，我们一般是从假设对象已经确定了开始的。然而，在机器人比赛之中，第一个任务就是设计对象的机械结构。这一步必须仔细设计，并且控制器也必须是针对这个结构设计的。假设有个两轮机器人，但两个轮子上的负载是不对称的，那么这个机器人进行直线行走就会有问题。控制器可以帮助解决这个问题，但一些基本的事情要做好，像负载的分布之类的。一个好的控制器并不是必然带来好的性能。以爬壁机器人为例，大多数爬壁机器人是事件驱动系统。"事件驱动"就是说当机器人成功地完成了一步攀爬的动作之后，下一步就应该开始执行。然而，确定什么时候这一步攀爬已安全地完成是说得容易做起来难的。而在这种情况下采用巧妙的机构则能够有效地实现相同的功能。一台好的双足机器人必须能够平衡，并且有足够的自由度。例如，一些带有智能结构的双足机器人能在斜面上行走，而不需要外部能源和控制，一些这样的设计请参见 Passive Walker（2009）和 Walking Robot（2010）。一个合理设计的机器人，已经把控制所需的信息建立在其机械结构之中了，因此将控制器放到机器人上是很容易的事。

5.2.4　一个典型的机器人控制系统

在竞赛机器人设计中的下一个任务是设计机器人控制系统，以及各个驱动部分的控制子系统。例如，双足机器人有一个主处理器，它根据各关节的轨迹，协调控制多个关节运动控制。对于每个关节来说，它们都有一个控制子系统。还有视觉摄像机、脚部传感器和陀螺仪等，这些都是整个双足控制系统的部件。主处理器协调着所有这些的子系统。这些协调必须是机器人设计者预先规划和编程的。

在任一复杂的控制系统中，其组成部分都是一些简单闭环控制器，也就是子系统，把它们组合在一起就形成了整个控制系统。

了解了控制器分类的基本概念之后，接下来我们看一个简单的单回路控制系统，借此来了解一些控制系统中的基本术语。如图 5-4 所示为一个典型的单回路控制系统的简易框图。

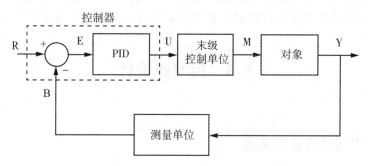

图 5-4　闭环控制系统的简易方框图

在图 5-4 中，信号 R 是参考信号或者设定值，B 是反馈信号。差值 E 是通过 R 和 B 相减所得，然后输入到 PID 控制器。控制器可以是我们前面提到的任何一个控制器，也可以是其他类型的控制器。控制器产生一个合适的控制信号 U，这个信号传递给末级控制元件，而末级控制元件可以是基于 PWM 的 H 桥，或者气动阀控制器，还可以是其他类型。末级控制元件的输出 M 可产生电源电压、压力或是热量施加到控制对象上。输出 Y 是通过测量元件得出的，测量元件的输出 B 用于反馈。

5.2.5　控制的发展趋势

除了以上的控制器分类之外，在现代控制系统之中出现了许多的新型控制器。其中有些控制器在机器人中是非常有用的，随着技术、控制理论、仪器设备和计算处理能力的发展使得这些新型控制器成为可能。所有这些新的控制技术都是数字型的，因此，它们也被列入普通的数字控制这类。这些领域研究的不断进展也使得控制器类型不断增加。下面简要的介绍一些相关的控制器。

像双足机器人，只要将其很多关节控制好，就可以实现类人行走且不会摔倒。这里，可以用一个主控制器以及一些其他的子控制器控制关节，子控制器作为从动装置从主控制器获得指令的。这种类型的控制通常被称为分级控制。

在复杂的工业环境中，有一些控制系统是相互独立工作，但又相互协同。事实上，在一群机器人之中，每个机器人都有自己的控制器，但它们之间不断进行相互通信；这类控制系统称为分布式控制系统。

在自适应控制器中，控制器的参数将会随着对象的参数而自适应调整，而对象的参数是通过迭代识别器（Mendel，1973）来识别的。模型参考自适应控制器也被用在机器人控制之中（Astrom and Wittenmark，1989）。

在不能轻松地得到数学模型的系统中，可用基于模糊逻辑的控制器。现在，从洗衣机到平衡杆机器人和双足机器人，到处都可看到模糊逻辑控制器。类似不能准确建模的难题可通过基于神经网络的控制器来处理的，而这种神经网络是模仿人类大脑的功能模型（Kosk0，1992）。

在一些对象参数随着工作点的变化而变化的系统中，控制器的结构会随着工作点的变化而变化，它们被称为变结构控制器。在这些系统中，快速的自适应也是有用的。

5.3　控制器设计

5.3.1　典型控制器的软件实现

为将控制器传递函数在微处理器中实现，我们需将它写成差分方程的形式。在处理器中运行的程序实现序列的计算。我们将以应用 PID 控制器为例来说明这是如何实现的。控制器的计算机实现通常都要用到近似。一个 PID 控制器有三个参数，分别为比例、微分、积分。在时域下写为

$$m(t) = K_p \left[e + \frac{1}{T_i} \int e \mathrm{d}t + T_d \frac{\mathrm{d}e}{\mathrm{d}t} \right] \tag{5-2}$$

$$或\ m(t) = K_{pe} + k_i \int e \cdot \mathrm{d}t + K_d \frac{\mathrm{d}e}{\mathrm{d}t}$$

式中，K_p 为比例增益；T_i 为积分时间；T_d 为微分时间。

可以从中看出第一项是比例控制，第二项为积分部分，第三项为微分部分。一般来说比例部分是基本控制，积分环节消除了稳态误差，微分环节改善响应速度。

K_i 和 K_d 分别为

$$K_i = \frac{K_p}{T_i} \tag{5-3}$$

$$K_d = K_p T_d \tag{5-4}$$

5.3.1.1　积分计算

我们假设误差的采样值为 $e(k)$，$e(k-l)$，$e(k-2)$，…，控制器计算出的可操作变量记为 $m(k)$，$m(k-1)$，$m(k-2)$，…，k 和 $k-1$ 分别表示当前和前一时刻的采样时刻。选取控制间隔为 $T(s)$。T 的选择需要考虑闭环系统的时间常数。在任意一个采样时刻 k，误差积分可以写作

$$e_i(k) = e_i(k-1) + [e(k) + e(k-1)] \frac{T}{2} \tag{5-5}$$

式中，$e_i(k-1)$ 是上一时刻系统误差的积分。

5.3.1.2　微分计算

误差的微分的当前值近似为

$$e_d(k) = \frac{e(k) - e(k-1)}{T} \tag{5-6}$$

最终，控制器输出可以计算为

$$m(k) = K_p \times e(k) + K_i \times e_i(k) + K_d \times e_k(k) \tag{5-7}$$

5.3.1.3 数字控制器的实现

在一个控制系统中，数字处理器控制通过采样输出数据，计算被操作变量，并将被操作变量实时输出到被控对象上，称为直接数字控制（DDC）。这里用"实时"这个术语，是因为对每一次采样，处理器必须在下一个采样发生之前完成处理。DDC的一个重要要求是：数据获取、控制计算、控制信号通过ZOH输出到对象必须在严格的时间间隔内被执行。有两种方式实现恒定的采样和控制时间间隔：一种方法是用计算时间来满足恒定的采样和控制间隔；另一种是使用中断来实现。我们将介绍两种实现方式的细节。

（1）基于循环时间的采样与控制：控制器完成计算，这需要花费一些时间。大多数的计算花费固定时间。在控制输出计算完成后，必须实现延时以使处理器进入一个固定时间的延时环节。通过使用这个方法，可以产生一个虚拟采样周期效应。选择一个可以在很小的时间片段内完成一切计算的处理器是值得期待的，剩下的时间就由延时环节决定了。

（2）基于计时器的采样与控制：将CPU的中断用作时间管理来保持恒定的采样时间间隔是可能的。在计时器中断服务程序内，指针会递增，指针用于决定何时下一次采样和何时实施控制。此外，一些数据的采样/滤波也将在计时器中断程序中被执行。程序启动后，主循环完成仪器测量和控制功能。例如，假设处理过程需要2ms，处理器输出控制信号，再假定采样间隔被固定为12ms，计时器中断间隔1ms。当主要的计算正在主循环中被执行时，两个中断将在2ms的计算时间中发生，因为计时器中断每隔1ms产生一次。在中断服务程序中这些中断次数将被记录。在输出控制信号之后，处理器在循环中等待，检查已计数的中断。当中断计数到达12时，处理器重新置中断计数器为0，并且从循环返回。那么下一步，采样又被获取，控制输出又被计算，这一循环持续进行。

有一点很重要，在上述步骤中，执行完仪器测量和控制计算之后，控制信号应被立即送至输出端口。假如程序等待到采样周期的最后才输出控制信号，那么就要引入一个采样周期的时间延迟。而这个延迟环节实际上并不是对象模型的一部分，因此将可能造成控制不能令人满意地工作。考虑上述例子，如果处理器计算花费时间小于1ms或2ms，那么这是整个采样时间中的一个很小部分，不需要引入延时。处理器仍可以等待第12个中断之后再返回循环。这对于现代高速处理器来说并不是一个很大的问题。

5.3.2 离散状态空间系统

机器人多为MIMO系统。在现代控制器应用中，趋势不仅是使用数字控制器，而且越来越多的控制器是基于状态空间反馈的。直觉上，这将指引我们应该采用基于数字式状态空间反馈的控制器。为实现这一目的，下面将先学习一些推导离散状态空间方程的方法。

5.3.2.1 从离散传递函数建立离散状态空间系统

有几种方法可以从离散传递函数推出离散状态空间方程，并且它们的结果可归类为以下三种：①能控规范型；②能观测规范型；③对角线规范型。

这三种类型的不同在于状态选取的方式和各自模型的特殊用途。因为脉冲传递函数有一个输入和一个输出，所以在更高阶的系统中的状态需要从估计得到。在上述方法中，（为了反馈）获得状态变量所要做的努力是不同的。不论使用什么方法，我们设计的底线是在设计过程中必须确定状态估计是可能的，或者是可以容易测量到的。基于我们的经验，复杂的状态估计计算是很耗时的，因此这样的计算应尽可能避免。此外，在机器人中，我们更感兴趣从连续状态空间模型中直接推导出离散状态空间方程，这样变量或者是可以直接测量的，或是能被容易地估计到的。在这方面，MATLAB 也能为设计提供一些有用的工具。

5.3.2.2　从连续状态空间模型建立离散状态空间模型

一旦我们得出连续状态空间方程模型，从它推出离散状态空间模型就是比较简单的。下面将讨论解析方法。

让我们从连续状态空间方程开始

$$\bar{X}(t) = AX(t) + Bu(t) \tag{5-8}$$
$$y(t) = Cx(t) + Du(t)$$

如果模型按照等采样间隔 $T(\text{s})$ 被采样，并且 $u(t)$ 通过 ZOH 馈入，我们可以写出：

$$u(t) = u(kT), \quad kT < t < (k+1)T \tag{5-9}$$

这意味着输入取 $t = kT$ 时的值，并通过锁存器锁闭保持不变（对于模拟系统，同时还通过 DAC 转换为模拟形式），直到 $t = (k+1)T$，操作变量 u 的下一个值由数字控制器提供给锁存器。

常用的离散状态空间表达式为

$$\bar{X}(k+1) = G\bar{X}(k) + Hu(k) \tag{5-10}$$

为更加清楚，重写所需解为

$$\bar{X}((k+1)T) = G(T)\bar{X}(kT) + H(T)u(kT) \tag{5-11}$$

因此为了从连续状态表达式中获得离散状态表达式，需要计算方程式(5-11) 中的矩阵 $G(T)$ 和 $H(T)$。具体解可在控制文献中找到（例如，Asrom and Wittenmark，1990；Nagath and Gopal，1996；Ogata，1995）。结果给出如下：

$$G(T) = e^{AT}, \quad H(T) = \left\{\int_0^T e^{At}dt\right\}B \tag{5-12}$$

式中，

$$e^{AT} = L^{-1}\{[sI - A]^{-1}\} \tag{5-13}$$

进一步，如果 A 非奇异

$$G(t) = e^{AT}$$

$$H(T) = \left\{\int_0^T e^{At}dt\right\}B = A^{-1}(e^{AT} - 1)B = A^{-1}[G(T) - 1]B \tag{5-14}$$

那么我们就可以得到式(5-11) 的离散时间状态表达式。输出可被写为

$$Y(kT) = C\bar{X}(kT) + Du(kT) \tag{5-15}$$

从式(5-9)中可以看出 ZOH 已经在模型中建立。在采样时，模型的输出和对象的输出是一致的。我们只是简单地对连续时间状态模型在一个采样周期上进行了积分，并得到了离散时间模型。有趣的是，当 T 趋近为 0 时，$G(T)$ 接近变为一个单位矩阵。

5.3.2.3 离散状态空间系统的时域解

为理解系统的性质，我们需要观察系统的时域响应。此外，在设计控制器时，也需要通过观察被控系统的响应来评估控制器的性能，为此我们需要计算时域解。下面将讨论两种获得时域解的方法。

1. 计算机求解

计算机计算是从一个采样到下一个采样间完成的。它从已知的状态初始值和输入序列的值开始计算。状态的计算就可以很容易地通过对计算机编程完成一个采样到下一个采样的递推计算而得到，只要输入 $u(kT) < t < u(k+l)T$ 是分段的常数。也就是说，在控制器的二次输出之间，通过锁存器 – DAC 组合输入到对象的输入值保持一个常数。让我们看一个时不变状态方程的例子，系统状态方程变为

$$X(k+1) = GX(k) + Hu(k)$$
$$Y(K) = CX(k) + Du(k) \tag{5-16}$$

当式(5-16)中的 $k = 0$ 时，用 $u(0)$ 和 $X(0)$ 的向量值就可以计算出 $X(1)$，因此 $y(1)$ 也可以被计算得出。同样的计算将在 $k = 1$ 时被重复。$X(2)$ 可以通过 $u(1)$ 和 $X(1)$ 求出。为了得到完整的解，重复进行这个过程。我们已假定了输入 u 是一个标量。当 u 为矢量时的计算步骤相近。

2. Z 变换法

我们考虑式(5-16)，并用通常的记法写出带初始值的 Z 变换形式，G 和 H 在这里是常数矩阵。

$$zX(z) - zX(0) = GX(z) + Hu(z) \tag{5-17}$$

那么：

$$(zI - G)X(z) = + zX(0) + Hu(z)$$
$$X(z) = (zI - G)^{-1}zX(0) + (zI - G)^{-1}Hu(z) \tag{5-18}$$

经过 Z 反变换：

$$X(k) = Z^{-1}\left[(zI - G)^{-1}z\right]X(0) + Z^{-1}\left[(zI - G)^{-1}Hu(z)\right] \tag{5-19}$$

解的第一部分是解的非受迫部分，第二部分是解的受迫部分。这涉及了矩阵的逆和 Z 反变换，如果系统超过 2 阶时将变得复杂。

5.3.3 离散状态反馈控制器

到目前为止，我们介绍了离散状态方程的解析解。下一个任务是学习设计稳定的控制器的方法。我们只关注两类控制器：极点配置控制器(PPC)和线性二次型控制器(IQC)。

然而，在设计控制器之前，确认系统的可控性和状态变量是否可用于反馈是非常重要的。因此我们首先学习可控性和状态能观测性的概念。在下面的各节中将从文献中引用所需的结果和方程，而不进入细节和证明，因为我们首要关心的是如何将这些概念应用到机器人中去。

5.3.3.1　状态可控性的概念

可控性的概念是由 Kalman 提出的，进一步的工作主要是由 Gilbert（Nagrath and Gopal，1996）完成。Kalman 的工作给出了这个问题的基于系统矩阵的解答。在文献中可以找到很多可控性的定义（Astrom and Wittenmark，1990；Nagrath and Gopal，1996；Ogata，1995）。典型的可控性定义为：控制系统完全可控，是指在有限时间内用一个控制序列可以将系统从任意的初始状态转移到另一个任意的状态，其中控制信号的幅值是不加限定的。这表明如果有任意一个状态独立于控制信号，那么这个状态将会是不可控的，从而该系统是不可控的。考虑一个用通常写法给出的典型系统方程，我们假设控制变量为标量。

$$X((k+1)T) = GX(kT) + Hu(kT)$$
$$Y(kT) = CX(kT)$$
$$(5\text{-}20)$$

式中，$u(k)$ 是在从 kT 到 $(k+1)T$ 内的不变的控制信号；X 是一个 $n \times 1$ 的状态向量；G 是 $n \times n$ 的状态矩阵；H 是 $n \times 1$ 的向量；Y 是 $r \times 1$ 的向量；C 是 $r \times n$ 的矩阵。

这里我们只关心离散系统。所有状态可控的充分必要条件是：可控性矩阵 $[CM]$ 的秩为 n。可控性条件写为：

$$\text{rank}[CM] = n \qquad\qquad (5\text{-}21)$$

其中可控性矩阵定义为

$$CM = [\, H \quad GH \quad G^2H \quad \cdots \quad G^{n-2}H \quad G^{n-1}H \,] \qquad (5\text{-}22)$$

Gilbert 建议使用 Jordan 规范型来为测试可控性推导一个不同的条件。

因此如果式（5-21）和式（5-22）的两个条件都满足，就可以得出结论：如果控制输入 $u(0)$ 到 $u((n-1)T)$ 是不受限制的，那么系统最多可在 n 个采样周期内，从任意一个初始状态，转换到任意最终状态。上述条件也可以解释为：存在一个控制序列 $u(0)$，$u(T)$，$\cdots$，$u((n-l)T)$，在 n 个采样周期内，可以使初始状态态 $X(0)$ 转移到最终状态 $X(t_f)$。

5.3.3.2　状态可观测性的概念

在为状态空间系统设计控制器时，我们需要反馈变量，这些被称为状态反馈控制器。然而，在复杂控制系统中，也许将不可能直接测量一些状态。这是因为它们可能被隐藏在系统中，或者因为它们并不是类似电压、电流、转矩等的物理量。在很多情况下，存在系统的隐藏模式，在这种情况下，如果我们需要将它们反馈回去，就必须测量或估计它们，这就引出了可观测性的概念。可观测性的简单定义是：如果在一段有限的时间内获得的输出采样的测量值，足以计算出系统所有的初始状态，那么说系统是完全可观测的。在文献中可以找到很多可观测性的定义。可观测性的条件和其相关证明在文献中有很好地讨论（Astrom and Wittenmark，1990；Nagrath and Gopal，1996；Ogata，1995），这里只给出相关结论。我们可以从以下系统方程开始：

$$X((k + 1)T) = GX(T) + Hu(kT)$$
$$Y(kT) = CX(kT) + Du(kT) \tag{5-23}$$

式中，X 是 $n \times 1$ 的向量；G 是 $n \times n$ 的矩阵；H 是 $n \times 1$ 的矩阵；C 是 $m \times n$ 的矩阵；D 是 $m \times 1$ 的矩阵；Y 是 $m \times 1$ 的向量；我们为简化计算假设只存在一个控制输入。可观测性条件可以表述为一个由式(5-24) 给出的 $nm \times n$ 的矩阵的秩应为 n。

$$\begin{bmatrix} C \\ CG \\ CG^2 \\ \vdots \\ CG^{n-1} \end{bmatrix} \tag{5-24}$$

上述矩阵可以转置，其秩不改变。

我们之所以学习以上两小节，是因为任何一个设计者都需要首先确认他要控制的被控对象是可控的。一旦确认可控后，状态反馈的问题就出现了。可观测性条件确保了如果用于反馈的状态不可以直接测量，那么它将是可估计的。

5.3.3.3　采样数据系统的可控性和可观测性的共同条件

数据采样系统的可控性和能观测性还有一个附加的共同条件。它涉及系统可能存在的复数根，$\sigma \pm j\omega$。假设系统存在这样包含有自然频率 ω 的复数根，那么由于选取了一个错误的采样周期，可控性将会受到危害，因为周期性地在错误的点上采样。为避免这种在错误的点上同步的采样，这一条件表述为

$$T \neq \frac{i\pi}{\omega} \tag{5-25}$$

式中，ω 是系统的自然角频率；i 为整数。因为系统自然震荡的半个周期为 π/ω，所以采样周期 T 不应该是它的倍数(参见 Astrom 和 Wittenmark(1990)和 Ogata(1995)的数学证明)。

5.3.3.4　用状态反馈设计极点配置调节器

在本节中，我们将展示称为极点配置或是极点分配法的控制器设计方法，这些方法在文献(Ogata，1995；Astrom and Wittenmark，1990)中有详尽的说明。假设所有状态变量都是可测量和可用于反馈的。如果所有状态都是可控的,那么闭环系统的极点将能通过状态反馈的手段，任意配置到任何地方。这只是在输入信号没有限制的情况下才成立。如果存在饱和，那么将变为非线性系统，这样的设计将变成无效的。话虽如此，我们从经验中发现，在大多数实际系统中，对于"的偶尔饱和"通常具有良好的耐受力。

设计程序的第一步是决定闭环极点的"期望位置"，通常基于瞬态响应或是频率响应特性，如速度、阻尼比或带宽等。设计采样的数字控制器时另一个考虑因素是采样周期，选择一个长的采样周期将会产生很大的控制信号值，这可能会导致饱和的发生。接下来，我们考虑控制输入为一个标量的情况。同样，假设可以实现任意极点配置的充分必要条件

是：系统是全状态可控的。我们将展示两种实现极点配置的方法：一是系数对比法，二是使用 MATLAB 的"place"指令。

1. 系数对比方法

这是一个直接明了的方法，而且并不需要使用任何公式。它适用于 3 阶及以下的系统。我们只从基础概念考虑调节器的问题，假设系统是完全可控的，所以任意配置极点是可能的。例如以下离散系统：

$$X(k + 1) = GX(k) + Hu(k) \tag{5-26}$$

我们使用一个反馈增益向量 k，构造一个可接受的控制律如下：

$$u(k) = -KX(k) = -\begin{bmatrix} k_1 & k_2 & \cdots & k_n \end{bmatrix} X(k) \tag{5-27}$$

式中，向量 $K = \begin{bmatrix} k_1, & k_2, & k_3 \end{bmatrix}$。

然后将式(5-27)代入式(5-26)，将闭环系统方程写为

$$X(k + 1) = GX(k) - HKX(k) = \begin{bmatrix} G - HK \end{bmatrix} X(k) \tag{5-28}$$

系数对比法涉及确定反馈增益向量 K 的值，以使由式(5-28)表示的该闭环系统的特征有期望的极点。

2. 极点配置的 MATLAB 方法

我们上述所讨论的内容，可通过 place 指令完成，MATLAB 命令对话框如图 5-5 所示。

```
G=[2.8 -2.51 0.728;1.0 0 0;0 1.0 0];

H=[1;0;0];

C=[1 -1.7 0.6];

D=0;

poldes=[0.5 0.7 0.8]; % Define desired poles

K=place(G,H,poldes)

Result:

K =     0.8000    -1.2000     0.4480
```

图 5-5　使用 place 命令

3. 控制器性能的 MATLAB 仿真

如图 5-6 所示的是一个可能的 SIMULINK 模型，下面讨论这个模型。我们对向量 C 做了一些小的改动，称它为向量 C_x。通过将 C_x 变为 n 阶单位阵，可以得到所有的 n 个状态变量作为输出。同时，我们也可以使用实际 C 向量中的元素作为各个状态变量的权重，来获得系统输出 y。这样，我们就有了直接用于反馈的状态变量及其显示，以及合成的系统输出。我们给状态 1 引入初始值 $x_1(0) = 3$，来观察系统在控制器作用下是否稳定。注意这出现在图 5-7 中给出的 MATLAB 代码中，它调用了 SIMULINK 模型。如果没有这个初始值，我们看到所有的状态以及系统的输出，都只是一条没有起伏的平线。

操作如图 5-6 所示的 SIMULINK 模型的 MATLAB 程序，见图 5-7，仿真结果见图 5-8。

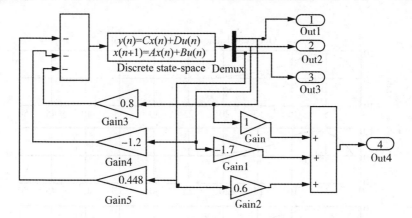

图 5-6　使用极点配置控制的状态反馈控制仿真设置

```
%Discrete model simulation of PolePlacement gains
G=[2.8 -2.51 0.728;1 0 0;0 1 0];
H=[1;0;0];
% We need all states for feedback
Cx=[1 0 0;0 1 0;0 0 1];
Dx=[0;0;0];
x0=[3 0 0];
imax=50;
ymax=10;
[k,x,Out1,Out2,Out3,Out4]=sim('figure923mdl');
figure(1)
subplot(4,1,1)
plot(Out1);
v=[0 imax -ymax ymax];
axis(v);
grid;
title('Output and states in feedback control');
ylabel('state x1')
subplot(4,1,2)
plot(Out2);
v=[0 imax -ymax ymax];
axis(v);
grid;
ylabel('state x2')
subplot(4,1,3)
plot(Out3);
v=[0 imax -ymax +ymax];
axis(v);
grid;
ylabel('state x3')
subplot(4,1,4)
plot(Out4);
v=[0 imax -ymax ymax];
axis(v);
grid;
xlabel('k, sample count')
ylabel('Output y')
```

图 5-7　操作图 5-6 中的模型的 MATLAB 代码清单

5.3.3.5　稳态二次型最优控制

可以用不同的评判标准来决定反馈增益值。在最优控制中，我们定义一个代价函数或

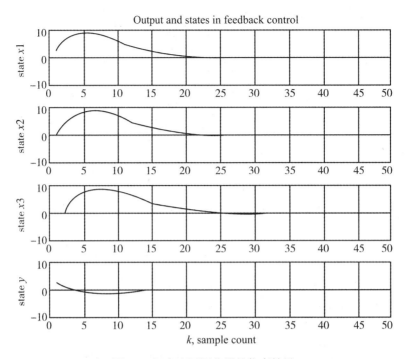

图 5-8 极点配置调节器的仿真结果

指标,它是关于系统状态和其他相关量(如控制变量)的函数。在此之后我们设计一个使代价函数获最小值的策略。最小值可以是在一段固定的时间段内,或者是在稳定状态获得的。这里将给出稳定状态最优设计的基本概述。

考虑如下系统:

$$X(k+1) = GX(k) + Hu(k)$$
$$y(k) = CX(k)$$

反馈控制规律为 $u(k) = -KX(k)$。那么想优化的性能指标为

$$J = \frac{1}{2} \sum_{k=0}^{\infty} \left[X^*(k)QX(k) + U^*(k)RU(k) \right] \tag{5-29}$$

式中,Q 是 n 维正定对角矩阵,包含我们想给每一个状态变量的权重;R 是正定对角阵,包含我们想给可操作变量 u 的权重,当控制变量为单变量时,它就包含一个单一正元素。

对于一个有 m 个控制输入的 n 阶系统,式(5-29)可改写为

$$J = \frac{1}{2} \sum_{K=0}^{\infty} \begin{bmatrix} q_1 x_1^2(k) + q_2 x_2^2(k) + \cdots + q_n x_n^2(k) + \\ r_1 u_1^2(k) + r_2 u_2^2(k) + \cdots + r_m u_m^2(k) \end{bmatrix} \tag{5-30}$$

式中,q_1、q_2 等是矩阵 Q 的对角线上的元素;r_1、r_2 等是矩阵 R 的对角线上的元素。在代价函数中状态变量 x_i 的重要程度是由 q_i 决定的。

相似地,代价函数中输入变量 u_i 的重要程度是由 r_i 决定的。这一性质可以被用来影响各个变量和控制输入的响应。我们将在下节用例子说明这点。

在 LQC 设计的正规过程中，必须通过迭代法求解 Riccati(黎卡提) 方程，然后才能求得反馈增益。由于只对如何应用这一问题感兴趣，因此我们更倾向用 MATLAB 命令来获得所求增益的解。这将在下面进行说明。

当应用 MATLAB 进行 LQC 设计时，我们上述讨论的内容可以通过"dlqr"命令直接实现，命令的形式为 $[K, P, E] = dlqr(G, H, Q, R)$。这个命令可以产生增益向量 K、矩阵 P 和闭环系统的特征值 E。这里 P 是一个正定矩阵，它是设计过程的中间结果。但是我们只对闭环系统特征值 E 和反馈增益向量 K 感兴趣。

5.3.3.6 简易伺服控制器

在 5.3.3.4 节和 5.3.3.5 节中，我们看到了通过状态反馈使状态变量可以抵抗扰动的情况。在使用机器人时，有很多情况是输出需要跟踪参考输入的，这样的情况被称为伺服控制。图 5-9 展示了只有一个参考输入的典型系统。

目标是使 $y(k)$ 跟踪 $yr(k)$。我们看到这里有常用的起调节作用的状态反馈和附加输入 $k_r y_r(k)$，又被称为前馈输入。由于状态反馈可以改变系统的增益，因此需要一个可调整的增益 k_r，使从 $y_r(k)$ 到 $y(k)$ 的整体传递增益是单位阵，这样才可以实现精确的跟踪（Ogata，1995）。离散状态方程为

$$X(k + 1) = GX(k) + Hu(k)$$
$$y(k) = CX(k) \tag{5-31}$$

由于前馈项的出现，被操作变量被写成带有一个附加项：

$$u(k) = -KX(k) + k_r y(k)$$
$$K = \begin{bmatrix} k_1 & k_2 & \cdots & k_n \end{bmatrix} \tag{5-32}$$

如果忽略前馈项，通过应用之前描述的其中一种方法，即可直接确定反馈增益向量 K。由于 K 已经求出，另一个未知的需要估计的量就是前馈增益 k_r。一种常用的寻找 k_r 的方法是求得脉冲传递函数 $Y(z) = T(z)y_r(z)$。通过将 Z 域中的终值定理应用到 $Y(z) = T(z)y_r(z)$，可以写出以 k_r 为参数的 $Y(\infty)$ 的表达式。这是由于 $T(z)$ 中包含 k_r。通过使终值 $y(\infty)$ 和 y_r 相等，便可以求出 k_r。然而 $T(z)$ 的求值中涉及了以变量 z 为参数的 n 阶矩阵的求逆。当矩阵的维数为 3 或小于 3 时，这是相当容易解的。

特别情况：我们对不需要使用上述方法的一类系统很感兴趣。它们涉及以变量 z 为参数的 n 维矩阵的求逆。假设对象有如下的特性：

(1) 输出只与一个状态变量相关，如 $x_1(k)$，这意味着 $C = \begin{bmatrix} 1 & 0 & \cdots & 0 \end{bmatrix}$，因此

$$y(k) = x_1(k) \tag{5-33}$$

(2) 在稳态下，除了 $x_1(k)$ 以外的所有状态变量都将变为零，这意味着

$$x_2(\infty) = x_3(\infty) = \cdots = x_n(\infty) = 0 \tag{5-34}$$

(3) 在稳态下，被操作变量可以是 0，因此

$$u(\infty) = 0 \tag{5-35}$$

有一些系统满足上述假设，如使用直流电机的位置控制伺服。

改写式(5-32) 为

$$u(k) = k_r y_r(k) - k_1 x_1(k) - k_2 x_2(k) \cdots - k_n x_n(k) \tag{5-36}$$

当 $k = \infty$，联立式(5-34) 和式(5-35)(假设 2 和假设 3)，式(5-36) 变为

$$u(\infty) = k_r y_r(\infty) - k_1 x_1(\infty) = 0$$

从式(5-33)(假设 1) 中

$$k_r y_r(\infty) - k_1 y(\infty) = 0$$

因为在稳态 $y = y_r$ 时

$$k_r = k_1$$

一般来说，如果 $y(k) = x_i(k)$

$$k_r = k_i \tag{5-37}$$

我们可以将图 5-9 重画为图 5-10。我们将在接下来的章节中看到这个例子。然而，这个系统并不适用于所有不满足最开始所做假设条件的系统。另外，对 $y(z) = T(z) y_r(z)$ 使用终值定理来求出 $y(\infty)$ 并按之前的描述继续计算。当然还有很多其他的先进的伺服控制方法(Astrom and Wittenmark，1990；Ogata，1995)。

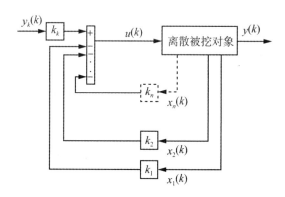

图 5-9 一个伺服系统

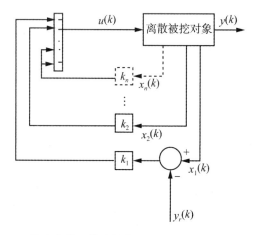

图 5-10 将参考输入作为补偿的一种特殊情况的伺服控制

5.3.4 典型的控制器硬件实现

由于硬件的更新很快，这里只给出了一些通用的设置，如图 5-11 所示，而避免描述硬件的细节，这些设置在文献中很容易查到。在图 5-11 中负载可以是移动机器人的重量，或者是机器人手臂所举重物的重量。

任何一个开发平台的制造商都会提供一套包含嵌入式系统的硬件装置和一套用于开发的工具，程序代码使用 PC 开发。在过去微控制器被用作计算硬件，但发展趋势变化很快，微控制器已被像 PIC 系统这样的处理器所取代。最近还有许多制造商提供完备封装的 DSP 处理器，作为完整的嵌入式系统，带有数字和模拟 I/O（输入输出接口）以及很好的通信接口。PC 的任务在程序开发完成时就结束了，嵌入式系统变成一个不需要 PC 的可独立使用系统。一旦开发完成并下载，控制算法将被处理器执行。采样周期是由软件中的处理器中断所决定的。处理器周期性地采入所需的反馈信号，并基于它们计算控制信号。在图 5-11 中，控制信号作为 PWM 信号输入电机驱动板。在程序编写的最开始，机器人可能与 PC 相连工作以便来进行调试。然而，对于一般性操作，特别是对于移动机器人，PC 连线将不会出现。图 5-11 中各框图的特性，将在下一章我们的案例研究的机器人上见到。

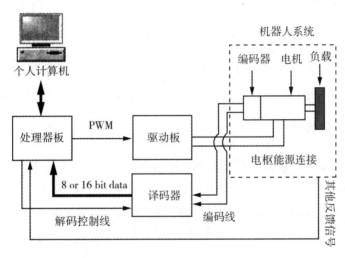

图 5-11　机器人控制系统设计的开发设置

5.4　机械手 PID 控制

5.4.1　机械手独立的 PD 控制

5.4.1.1　控制律设计

当忽略重力和外加干扰时，采用独立的 PD 控制，能满足机械手定点控制的要求。
设 n 关节机械手方程为

$$D(q)\ddot{q} + C(q, \dot{q})\dot{q} = \tau \qquad (5-38)$$

式中，$D(q)$ 为 $n \times n$ 阶正定惯性矩阵；$C(q, \dot{q})$ 为 $n \times n$ 阶离心和哥氏力项。

项目的 PD 控制律为

$$\tau = K_d\dot{e} + K_p e \qquad (5-39)$$

取跟踪误差为 $e = q_d - q$，采用定点控制时，q_b 为常值，则 $\dot{q}_d = \ddot{q}_d \equiv 0$。

此时，机械手方程为

$$D(q)(\ddot{q}_d - \ddot{q}) + C(q, \dot{q})(\dot{q}_d - \dot{q}) + K_d\dot{e} + K_p e = 0$$

亦即

$$D(q)\ddot{e} + C(q, \dot{q})\dot{e} + K_p e = -K_d\dot{e} \qquad (5-40)$$

取 Lyapunov(李雅谱诺夫) 函数为

$$V = \frac{1}{2}\dot{e}^T D(q)\dot{e} + \frac{1}{2}e^T K_p e$$

由 $D(q)$ 及 K_p 的正定性知，V 是全局正定的，则

$$\dot{V} = \dot{e}^T D\ddot{e} + \frac{1}{2}\dot{e}^T \dot{D}\dot{e} + \dot{e}^T K_p e$$

利用 $\dot{D} - 2C$ 的斜对称性知 $\dot{e}^T \dot{D}\dot{e} = 2\dot{e}^T C\dot{e}$，则

$$\dot{V} = \dot{e}^T D\ddot{e} + \dot{e}^T C\dot{e} + \dot{e}^T K_p e = \dot{e}^T(D\ddot{e} + C\dot{e} + K_p e) = -\dot{e}^T K_d\dot{e} \leqslant 0$$

5.4.1.2　收敛性分析

由于 $\dot{V}$ 是半负定的，且 K_d 为正定，当 $\dot{V} \equiv 0$ 时，有 $\dot{e} \equiv 0$，从而 $\ddot{e} \equiv 0$。代入方程 (5-40)，有 $K_p e = 0$，再由 K_p 的可逆性知 $e = 0$，由 LaSalle 定理知，$(e, \dot{e}) = (0, 0)$ 是受控机机械手全局渐进稳定的平衡点，即从任意初始条件$(q_0, \dot{q}_0)$ 出发，当 $t \to \infty$ 时，$q \to q_d$，$\dot{q} \to 0$。

5.4.1.3　仿真实例

针对初控对象式(5-38)，选二关节机械手系统(不考虑重力、摩擦力和干扰)，其动力学模型为

$$D(q)\ddot{q} + C(q, \dot{q})\dot{q} = \tau$$

式中，

$$D(q) = \begin{bmatrix} p_1 + p_2 + 2p_3\cos q_2 & p_2 + p_3\cos q_2 \\ p_2 + p_3\cos q_2 & p_2 \end{bmatrix}$$

$$C(q, \dot{q}) = \begin{bmatrix} -p_3\dot{q}_2\sin q_2 & -p_3(\dot{q}_1 + \dot{q}_2)\sin q_2 \\ p_3\dot{q}_1\sin q_2 & 0 \end{bmatrix}$$

取 $p = [2.90 \quad 0.76 \quad 0.87 \quad 3.04 \quad 0.87]^T$，$q_0 = [0.0 \quad 0.0]^T$，$\dot{q}_0 = [0.0 \quad 0.0]^T$

位置指令为 $q_d(0) = [1.0 \quad 1.0]^T$，在控制器式(5-39)中，取 $K_d = \begin{bmatrix} 100 & 0 \\ 0 & 100 \end{bmatrix}$，$K_p =$

$\begin{bmatrix} 100 & 0 \\ 0 & 100 \end{bmatrix}$ 仿真结果如图 5-12 和图 5-13 所示。

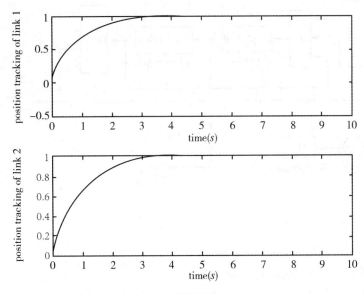

图 5-12　双力臂的阶跃响应

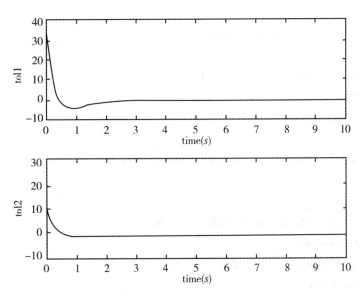

图 5-13　独立 PD 控制的控制输入

仿真中，当改变参数 K_p，K_d 时，只要满足 $K_d > 0$，$K_p > 0$ 都能获得比较好的仿真结果。完全不受外力，没有任何干扰的机械手系统是不存在的，独立的 PD 控制只能作为基础来考虑分析，但对它的分析有重要意义。

建立控制系统仿真模型如图 5-14 所示。仿真程序如下：

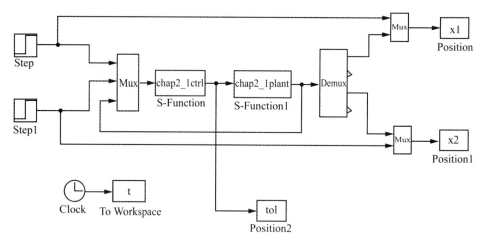

图 5-14　控制系统仿真模型

（1）Simulink 主程序：chap2_lsim. Mdl
（2）控制器子程序：chap2_lctrl. m

function ［sys. x0. str. ts］　＝　spacemodel（t, x, u, flag）
switch flag,
case 0,
　　［sys, x0, str, ts］＝mdlInitializeSizes;
case 3,
　　sys＝mdlOutputs（t, x. u）;
case {2. 4. 9}
　　sys＝［］;
otherwise
error（［'Unhandled flag　＝　',num2str（flag）］）;
end

　　function［sys. x0, str, ts］＝mdlInitializeSizes
　　sizes＝simsizes;
　　sizes. NumOutputs　　＝2;
　　sizes. NumInputs　　　＝6;
　　sizes. DirFeedthrough　＝1;
　　sizes. NumSampleTimes　＝1;
　　sys　＝　simsizes（sizes）;
　　x0　＝　［］;
　　str　＝［］;
　　at　＝［0 0］

130

```
function sys = mdlOutputs ( t, x, u)
R1 = u(1);drl = 0;
R2 = u(2) ; dr2 = 0;

x(1) = u(3);
x(2) = u(4);
x(3) = u(5);
x(4) = u(6);

el = R1 - x(1);
e2 = R2 - x(3);
e=[e1;e2];

del = drl - x(2);
de2 = dr2 - x(4);
dc = [del;dc2];

Kp= [30 0;0 30];
Kd= [30 0;0 30];

tol = Kp * e + Kd * de;

sys(1) = tol(1);
sys(2) = tol(2);
```

(3)被控对象子程序 : chap2_lplant. m

```
% s - function for continuous state equation
function  [ sys. x0, str, ts ]  =  s_function( t. x, u, flag)

switch flag.
% Initialization
  case 0.
    [ sys, x0, str, ts ] = mdlInitializeSizes;
  case 1,
    sys = mdlDerivatives ( t,x,u) ;
% Outputs
  case 3,
    sys = mdlOutputs( t, x. u) ;
```

```
% Unhandled flags
    case {2, 4.9}
        sys = [];
% Unexpected flags
    otherwise
        error(['Unhandled flag  = ',num2str(flag)]);
end


% mdlInitializeSizes
function [sys, x0. str, ts]  =  mdlInitializeSizes
global p g
sizes = simsizes;
sizes. NumContStates    =  4,
sizes. NumDiscStates    =  0;
sizes. NumOutputs    =  4;
sizes. NumInputs    = 2;
sizes. DirFeedthrough    =  0;
sizes. NumSampleTimes    =  0;
sys = simsizes(sizes);
x0 = [0 0 0 0];
str = [];
ts = [];


p= [2.9 0.76 0.87 3.04 0.87];
g=9.8;
function sys = mdlDerivatives (t.x, u)
global p g

D0=[p(1)+p(2)+2*p(3)*cos(x(3))p(2)+P(3)*cos(x(3));
    P(2)+p(3)*cos(x(3))p(2)]
C0=[-p(3)*x(4)*sin(x(3))-p(3)*(x(2)+x(4))*sin(x(3));
P(3)*X(2)*sin(x(3)) 0]
tol = u(1:2);
dq = [x(2);x(4)]

s = inv(D0)*(tol - C0*dq);

sys(1)=x(2);
```

```
sys(2)= S(1);
sys(3)= x(4);
sys(4)= S(2);
function sys = mdlOutputs (t, x.u)
sys(1)= x(1);
sys(2)= x(2);
sys(3)= x(3);
sys(4)= x(4);
```

(4)绘图子程序:chap2_lplot. m

```
close all;

figure(1);
subplot(211);
plot(t,x1(:,1),'r',t,x1(:,2),'b');
xlabel ('time(s)');ylabel('potition tracking of link 1')
subplot(212);
plot(t,x2(:,1),'r',t,x2(:,2),'b');
xlabel('time(s)');ylabel('position tracking of link 2');

figure(2);
subplot(211);
plot(t,tol(:,1),'r');
xlabel('time(s)'); ylabel('toll'),
subplot(212);
plot(t,tol(:,2),'r');
xlabel('time(s)'); ylabel('tol2');
```

5.4.2 基于重力补偿的机械手 PD 控制

5.4.2.1 控制律设计

当考虑重力时,采用基于重力补偿的 PD 控制,能满足机械手定点控制的要求。

设 n 关节机械手方程为

$$D(q)\ddot{q} + C(q, \dot{q})\dot{q} + G(q) = \tau \tag{5-41}$$

式中, $D(q)$ 为 $n \times n$ 阶正定惯性矩阵; $C(q, \dot{q})\dot{q}$ 为 $n \times n$ 阶离心和哥氏力项; $G(q)$ 为重力矩向量。

基于重力补偿的 PD 控制律为

$$\tau = K_d\dot{e} + K_p e + \hat{G}(q) \tag{5-42}$$

式中，$\hat{G}(q)$ 为对重力矩的估计值。

取跟踪误差为 $e = q_d - q$，采用定点控制时，q_d 为常值，则 $\dot{q}_d = \ddot{q}_d \equiv 0$

此时，机械手动力学方程为

$$D(q)(\ddot{q}_d - \ddot{q}) + C(q, \dot{q})(\dot{q}_d - \dot{q}) + K_d \dot{e} + K_p e + \hat{G}(q) - G(q) = 0$$

5.4.2.2 控制律分析

控制律式(5-43)的实现关键在于对重力矩 $\hat{G}(q)$ 的估计，针对重力矩的估计方法有以下两大类。

(1) 当对重力矩的估计值准确时，$\hat{G}(q) = G(q)$，有

$$D(q)\ddot{e} + (C(q, \dot{q}) + K_d)\dot{e} + K_p e = 0 \tag{5-43}$$

此时，控制的稳定性和收敛性分析过程同 5.4.1 节的"机械手独立 PD 控制"。

(2) 当对重力矩的估计值不准确时，需要设计重力补偿算法。目前，有代表性的重力补偿 PD 控制方法有以下两种：

① 在线估计重力补偿的 PD 控制：有关文献中针对双柔性关节机械臂，设计了在线估计重力的自适应算法，实现了基于在线重力补偿的 PD 控制。

② 具有固定重力补偿的 PD 控制：由于在线估计重力补偿项 $\hat{G}(q)$ 会加重计算机实时计算的负担，为此，Takegaki 等采用事先计算出的固定重力项作为补偿，采用增加反馈增益来减小稳态误差，并采用系统的 Hamilton 函数作为其李雅普诺夫函数，证明了该方法的稳定性和收敛性。

5.5 机械手神经网络自适应控制

5.5.1 一种简单的 RBF 网络自适应滑模控制

5.5.1.1 问题描述

考虑一种简单的动力学系统：

$$\ddot{\theta} = f(\theta, \dot{\theta}) + u \tag{5-44}$$

式中，θ 为转动角度；u 为控制输入。

写成状态方程形式为

$$\begin{cases} \dot{x}_1 = x_2 \\ \dot{x}_2 = f(x) + u \end{cases} \tag{5-45}$$

式中，$x_1 = \theta$，$x_2 = \dot{\theta}$，$f(x)$ 为未知

角度指令为 x_d，则误差及其导数为

$$e = x_1 - x_d, \quad \dot{e} = x_2 - \dot{x}_d$$

定义滑模函数为

$$s = ce + \dot{e}, \quad c > 0 \tag{5-46}$$

则

$$\dot{s} = c\dot{e} + \ddot{e} = c\dot{e} + \dot{x}_2 - \ddot{x}_d = c\dot{e} + f(x) + u - \ddot{x}_d$$

由式(5-46)可见，如果 $s \to 0$，则 $e \to 0$ 且 $\dot{e} \to 0$。

5.5.1.2 RBF 网络原理

由于 RBF 网络具有万能逼近特性，采用 RBF 神经网络逼近 $f(x)$，网络算法为

$$h_j = \exp\left(\frac{\| x - c_j \|^2}{2b_j^2}\right) \tag{5-47}$$

$$f = W^{*\mathrm{T}} h(x) + \varepsilon \tag{5-48}$$

式中，x 为网络的输入；j 为网络隐含层第 j 个节点；$h = [h_j]^{\mathrm{T}}$ 为网络的高斯基函数输出；W^* 为网络的理想权值；ε 为网络的逼近误差，$\varepsilon \leqslant \varepsilon_N$。

网络输入取 $x = [x_1 \quad x_2]^{\mathrm{T}}$，则网络输出为

$$\hat{f}(x) = \hat{W}^{\mathrm{T}} h(x) \tag{5-49}$$

5.5.1.3 控制算法设计与分析

由于 $f(x) - \hat{f}(x) = W^{*\mathrm{T}} h(x) + \varepsilon - \hat{W}^{\mathrm{T}} h(x) = -\tilde{W}^{\mathrm{T}} h(x) + \varepsilon$

定义 Lyapunov 函数为

$$V = \frac{1}{2}s^2 + \frac{1}{2\gamma}\tilde{W}^{\mathrm{T}}\tilde{W} \tag{5-50}$$

式中，$\gamma > 0$；$\tilde{W} = \hat{W} - W^*$。

则

$$\dot{V} = s\dot{s}\frac{1}{\gamma}\tilde{W}^{\mathrm{T}}\dot{\tilde{W}}$$

$$= s(c\dot{e} + f(x) + u - \ddot{x}_d) + \frac{1}{\gamma}\tilde{W}^{\mathrm{T}}\dot{\tilde{W}}$$

设计控制律为

$$u = -c\dot{e} - \hat{f}(x) + \ddot{x}_d - \eta\,\mathrm{sgn}(s) \tag{5-51}$$

则

$$\dot{V} = s(f(x) - \hat{f}(x) - \eta\,\mathrm{sgn}(s)) + \frac{1}{\gamma}\tilde{W}^{\mathrm{T}}\dot{\tilde{W}}$$

$$= s(-\widetilde{W}^{\mathrm{T}}h(x) + \varepsilon - \eta\mathrm{sgn}(s)) + \frac{1}{\gamma}\widetilde{W}^{\mathrm{T}}\dot{\widehat{W}}$$

$$= es - \eta|s| + \widetilde{W}^{\mathrm{T}}\left(\frac{1}{\gamma}\dot{\widehat{W}} - sh(x)\right)$$

取 $\eta > |\varepsilon|_{\max}$，自适应律为

$$\dot{\widehat{W}} = \gamma sh(x) \tag{5-52}$$

则 $\dot{V} = \varepsilon s - \eta|s| \leqslant 0$。

可见，控制律中的鲁棒项 $\eta\mathrm{sgn}(s)$ 的作用是克服神经网络的逼近误差，以保证系统稳定。

由于当且仅为 $s = 0$ 时，$\dot{V} = 0$。即当 $\dot{V} \equiv 0$ 时，$s \equiv 0$。根据 LaSalle 不变性原理，闭环系统为渐进稳定，即当时 $t \to \infty$，$s \to 0$。系统的收敛速度取决于 η。

由于 $V \geqslant 0$，$\dot{V} \leqslant 0$ 则当 $t \to \infty$ 时，V 有界，因此，可以证明 $\widehat{W}$ 有界，但无法保证 $\widehat{W}$ 收敛于 W^*。

5.5.1.4　仿真实例

考虑如下被控对象：

$$\begin{cases} \dot{x}_1 = x_2 \\ \dot{x}_2 = f(x) + u \end{cases}$$

式中，$f(x) = 10x_1x_2$。

被控对象的初始状态取 [0.15　0]，位置指令为 $x_d = \sin t$，控制律采用式 (5-51)，自适应律采用式 (5-53)，取 $\gamma = 1500$，$\eta = 1.5$。根据网络输入 x_1 和 x_2 的实际范围来设计高斯基函数的参数，参数 c_j 和 b_j 取值分别为 $0.5 \times [-2 \quad -1 \quad 0 \quad 1 \quad 2]$ 和 3.0。仿真程序中为了避免混淆，将 $s = ce + \dot{e}$ 中的 c 写为 λ，取 $\lambda = 10$。网络权值中各个元素的初始值取 0.10。仿真结果如图 5-15 和图 5-16 所示。

仿真程序如下：

(1) Simulink 主程度：建立控制系统仿真模型如图 5-17 所示。

(2) 控制律及自适应律 S 函数：　chap3_ lctrl. m

```
function [ sys, x0, str, ts]  =  spacemodel( t, X, u, flag)
switch flag,
case 0,
    [ sys, x0, str, ts ]  = mdlInitializeSizes;
case 1,
    sys = mdlIDerivatives ( t, x, u) ;
case 3,
    sys = mdlOutputs( t, x, u) ;
case{2, 4, 9 }
```

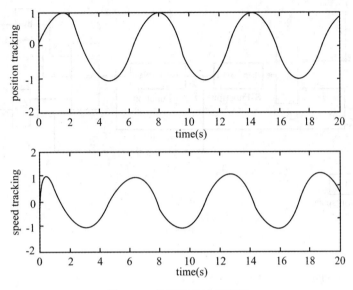

图 5-15 角度和角速度跟踪

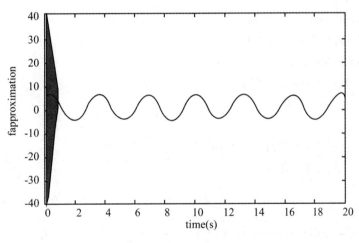

图 5-16 $f(x)$ 及逼近

```
        sys = [   ]
otherwise
        error( [ 'Unhandled flag    = ', num2str( flag) ] );
end
function [ sys, x0, str, ts] = mdlInitializeSizes
global b c lama
sizes = simsizes;
sizes. NumContStates       = 5;
```

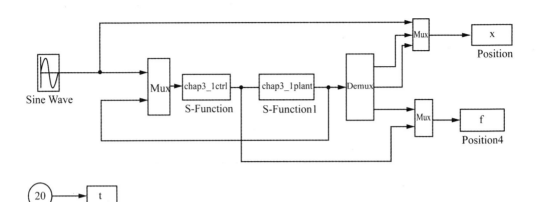

图 5-17

```
sizes. NumDiscStates      = 0;
sizes. NumOutputs         = 2;
sizes. NumInputs          = 4;
sizes. DirFeedthrough     = 1;
sizes. NumSampleTimes     = 1;
sys = simsizes( sizes);
x0      =   0.1 * ones(1, 5);
str=[ ];
ts =[0 0];
c= 0.5 * [ -2 -1 0 1 2;
            -2 -1 0 1 2];
b=3.0;
lama = 10;
function sys = mdlDerivatives(t, X, u)
global b c lama
xd = sin(t) ;
dxd = cos(t) ;

x1=u(2);
x2=u(3);
e= x1- xd;
de = x2 - dxd;
S = lama * e+de;
```

```
W = [x(1) x(2) x(3) x(4) x(5)]';
xi = [x1;x2];

h = zeros(5, 1);
for j = 1:1:5
    h(j) = exp(-norm(xi-c(:,j)»^2/(2*b^2)));
end

gama = 1500;
for i = 1:1:5
    sys(i) = gama * s * h(i);
end

function sys = mdlOutputs(t, x, u)
global b c lama
xd = sin(t);
dxd = cos(t);
ddxd = -sin(t);

x1 = u(2);
x2 = u(3);
e = x1- xd;
de = x2 - dxd;
s = lama * e+ de;

W = [x(1) x(2) x(3) x(4) x(5)];
xi = [x1; x2];

h = zeros(5,1);
for j = 1:1:5
    h(j) = exp(-norm(xi - C(:,j))^2/(2*b^2));
end
fn = W * h;
xite = 1.50;
%fn = 10*x1 + x2;      % Precise f
ut = -lama*de + ddxd - fn - xite * sign(s);

sys(1) = ut;
```

```
sys(2) = fn;
```

(3) 被控对象 S 函数: chap3_lplant. m

```
function [ sys, x0, str, ts] = s_function( t, X, u, flag)
switch flag,
case 0,
    [ sys, x0, str, ts ]  = mdlInitializeSizes;
case 1,
    sys = mdlDerivatives( t, X, u) ;
case 3,
    sys = mdlOutputs( t, X, u) ;
case {2, 4, 9 }
    sys = [ ]
otherwise
    error( [ 'Unhandled flag  =  ', num2str(flag) ]);
end
function [ sys, x0, str, ts ]   = mdlInitializeSizes
sizes = simsizes;
sizes. NumContStates     = 2;
sizes. NumDiscStates     = 0;
sizes. NumOutputs        = 3;
sizes. NumInputs         = 2;
sizes. DirFeedthrough    = 0;
sizes. NumSampleTimes    = 0;
sys = simsizes( sizes) ;
x0 = [0. 15;0];
str=[ ];
ts = [ ];
function sys = mdlDerivatives ( t, X, u)
ut=u(1);

f = 10 * x(1) * x(2);
sys(1) = x(2);
sys(2) = f + ut;
function sys = mdlOutputs( t, X, u)
f = 10 * x(1) *x(2);

sys(1)= x(1);
```

```
sys(2)=x(2);
sys(3)=f;
```
(4)作图程序:chap3_lplot.m
```
close all;

figure(1);
subplot(211);
polt(t,x(:,1),'r',t,x(:,2,'b','linewidth',2);
xlabel('time(s)');ylabel('position tracking');
subplot(212);
plot(t,cos(t),'r',t,x(:,3),'b','Iinewidth',2);
xlabel('time(s)');ylabel('speed  tracking');

figure(2);
polt(t,f(:,1),'r',t,f(:,3,'b','linewidth',2);
xlabel('time(s)');ylabel'('f  approximation');
```

5.5.2　基于 RBF 网络逼近的机械手自适应控制

通过对文献[3]的控制方法进行详细推导及仿真分析，研究一类机械臂神经网络自适应控制的设计方法。

5.5.2.1　问题的提出

设 n 关节机械手方程为

$$M(q)\ddot{q} + C(q, \dot{q})\dot{q} + G(q) + F(\dot{q}) + \tau_d = \tau \tag{5-53}$$

式中，$m(q)$ 为 $n \times n$ 正定惯性矩阵；$C(q; \dot{q})$ 为 $n \times n$ 惯性矩阵；其中 $G(q)$ 为 n 阶惯性向量；$F(\dot{q})$ 为摩擦力；τ_d 为未知外加干扰；τ 为控制输入。

跟踪误差为

$$e(t) = q_d(t) - q(t)$$

定义误差函数为

$$r = \dot{e} + \Lambda e \tag{5-54}$$

式中，$\Lambda = \Lambda^T > 0$，则

$$\dot{q} = -r + \dot{q}_d + \Lambda e$$
$$Mr = M(\ddot{q}_d - \ddot{q} + \Lambda \dot{e}) = M(\ddot{q}_d + \Lambda \dot{e}) - M\ddot{q}$$
$$= M(\ddot{q}_d + \Lambda \dot{e}) - C\dot{q} + G + F + \tau_d - \tau$$
$$= M(\ddot{q}_d + \Lambda \dot{e}) - Cr + C(\dot{q} + \Lambda e) + G + F + \tau_d - \tau$$
$$= -Cr - \tau + f + \tau_d \tag{5-55}$$

式中，$f(x) = M(\ddot{q}_d + \Lambda \dot{e}) + C(q_d + \Lambda e) + G + F$。

在实际工作中，模型不确定项 f 为未知，为此，需要对不确定项 f 进行逼近。

采用 RBF 网络逼近 f，根据 $f(x)$ 的表达式，网络输入取

$$x = \begin{bmatrix} e^T & \dot{e}^T & q_d^T & \dot{q}_d^T & \ddot{q}_d^T \end{bmatrix}$$

设计控制律为

$$\tau = \hat{f} + K_v r \tag{5-56}$$

式中，$\hat{f}(x)$ 为 RBF 网络的估计值。

将控制律式(5-56)代入式(5-55)，得

$$M\dot{r} = -Cr - \hat{f} - K_v r + f + \tau_d$$

$$= -(K_v + C)r + \tilde{f} + \tau_d = -(K_v + C)r + \zeta_0 \tag{5-57}$$

式中，$\tilde{f} = f - \hat{f}$，$\zeta_0 = \tilde{f} + \tau_d$。

如果定义 Lyapunov 函数

$$L = \frac{1}{2} r^T M r$$

则

$$\dot{L} = r^T M \dot{r} + \frac{1}{2} r^T \dot{M} r = -r^T K_v r + \frac{1}{2} r^T (\dot{M} - 2C) r + r^T \zeta_0$$

$$\dot{L} = r^T \zeta_0 - r^T K_v r$$

这说明在 K_v 固定条件下，控制系统的稳定依赖于 ζ_0，即 $\hat{f}$ 对 f 的逼近精度及干扰 τ_d 有大小。

采用 RBF 神经网络确定项 f 进行逼近。理想的 RBF 神经网络算法为

$$\phi_j = g(\| x - c_i \|^2 / b_j^2)$$

$$y = W\varphi(x)$$

式中，x 为网络的输入信号；j 为隐层节点的个数；i 为网络输入的个数。

5.5.2.2 基于 RBF 神经网络逼近的控制器

1. 控制器的设计

采用 RBF 神经网络逼近 f，则 RBF 神经网络的输出为

$$\hat{f}(x) = \hat{W}^T \varphi(x) \tag{5-58}$$

取

$$\tilde{W} = W - \hat{W}, \quad \| W \|_F \leq W_{max}$$

设计控制律为

$$\tau = \hat{W}^T \varphi(x) + K_v r - \upsilon \tag{5-59}$$

式中，υ 为用于克服神经网络逼近误差 ε 的鲁棒项。

将控制律式(5-59)代入式(5-55)，得

$$\begin{aligned} M\dot{r} &= -(K_v + C)r + \tilde{W}^T\varphi(x) + (\varepsilon + \tau_d) + \upsilon \\ &= -(K_v + C)r + \zeta_1 \end{aligned} \tag{5-60}$$

式中, $\zeta_1 = \tilde{W}^T\varphi(x) + (\varepsilon + \tau_d) + \upsilon$

2. 稳定性及收敛性分析

根据控制律式(5-59)中是否有 $\upsilon(t)$ 项, ε 和 τ_d 是否存在以及神经网络自适应律设计的不同, 系统的收敛性不同。

(1) 取 $\upsilon(t) = 0$, ε 和 τ_d 存在的情况。

定义 Lyapunov 函数:

$$L = \frac{1}{2}r^T M r + \frac{1}{2}\mathrm{tr}(\tilde{W}^T F^{-1}\tilde{W}) \tag{5-61}$$

则

$$\dot{L} = r^T M\dot{r} + \frac{1}{2}r^T\dot{M}r + \mathrm{tr}(\tilde{W}^T F^{-1}\dot{\tilde{W}})$$

将式(5-61)代入上式, 得

$$\dot{L} = -r^T K_v r + \frac{1}{2}r^T(\dot{M} - 2C)r + \mathrm{tr}\tilde{W}^T(F^{-1}\dot{\tilde{W}} + \varphi r^T) + r^T(\varepsilon + \tau_d) \tag{5-62}$$

考虑机械手特性, 并取

$$\dot{\tilde{W}} = -F\varphi r^T$$

即神经网络自适应律为

$$\dot{\hat{W}} = -F\varphi r^T \tag{5-63}$$

则

$$\dot{L} = -r^T K_v r + r^T(\varepsilon + \tau_d) \leqslant -K_{vmin}\|r\|^2 + (\varepsilon_N + b_d)\|r\|$$

其中, $\|\varepsilon\| \leqslant \varepsilon_N$, $\|\tau_d\| \leqslant b_d$。

当满足下列收敛条件时, $\dot{L} \leqslant 0$;

$$\|r\| \geqslant (\varepsilon_N + b_d)/K_{vmin} \tag{5-64}$$

(2) 取 $\upsilon(t) = 0$, $\varepsilon = 0$, $\tau_d = 0$ 的情况。

Lyapunov 函数:

$$L = \frac{1}{2}r^T M r + \frac{1}{2}\mathrm{tr}(\tilde{W}^T F^{-1}\tilde{W}) \tag{5-65}$$

此时控制律和自适应律为

$$\tau = \hat{W}^T\varphi(x) + K_v r \tag{5-66}$$

$$\dot{\hat{W}} = -F\varphi r^T \tag{5-67}$$

由式(5-60)知

$$M\dot{r} = -(K_v + C)r + \tilde{W}^T\varphi(x)$$

则

$$\dot{L} = r^{\mathrm{T}} M \dot{r} + \frac{1}{2} r^{\mathrm{T}} \dot{M} r = - r^{\mathrm{T}} K_{\mathrm{v}} r \leqslant 0$$

式中，$\| \varepsilon \| \leqslant \varepsilon_N$，$\| \tau_{\mathrm{d}} \| \leqslant b_{\mathrm{d}}$。

（3）取 $v(t) = 0$，存在 ε 和 τ_{d}，自适应律采取 UUB 的形式，Lyapunov 函数和控制律取式（5-65）和式（5-66）。

自适应律为

$$\dot{\hat{W}} = - F \varphi r^{\mathrm{T}} - k F \| r \| \hat{W} \tag{5-68}$$

则根据式（5-62），有

$$\dot{L} = - r^{\mathrm{T}} K_{\mathrm{v}} r + \frac{1}{2} r^{\mathrm{T}} (\dot{M} - 2C) r + \mathrm{tr} \widetilde{W}^{\mathrm{T}} (F^{-1} \dot{\widetilde{W}} + \varphi r^{\mathrm{T}}) + r^{\mathrm{T}} (\varepsilon + \tau_{\mathrm{d}})$$

代入（5-68）代入上式，得

$$\dot{L} = - r^{\mathrm{T}} K_{\mathrm{v}} r + \mathrm{tr} \widetilde{W}^{\mathrm{T}} (- \varphi r^{\mathrm{T}} + k \| r \| \hat{W} + \varphi r^{\mathrm{T}}) + r^{\mathrm{T}} (\varepsilon + \tau_{\mathrm{d}})$$

$$= - r^{\mathrm{T}} K_{\mathrm{v}} r + k \| r \| \mathrm{tr} \widetilde{W}^{\mathrm{T}} (W - \hat{W}) + r^{\mathrm{T}} (\varepsilon + \tau_{\mathrm{d}})$$

由于

$$\mathrm{tr} \widetilde{W}^{\mathrm{T}} (W - \hat{W}) = (\hat{W}, W)_{\mathrm{F}} - \| W \|_{\mathrm{F}}^2 \leqslant \| \widetilde{W} \|_{\mathrm{F}} \| W \|_{\mathrm{F}} - \| W \|_{\mathrm{F}}^2$$

则

$$\dot{L} \leqslant - K_{\mathrm{vmin}} \| r \|^2 + k \| r \| \| \widetilde{W} \|_{\mathrm{F}} (W_{\mathrm{max}} - \| \widetilde{W} \|_{\mathrm{F}}) + (\varepsilon_N + b_{\mathrm{d}}) \| r \|$$

$$= - \| r \| (K_{\mathrm{vmin}} \| r \| + k \| \widetilde{W} \|_{\mathrm{F}} (\| \widetilde{W} \|_{\mathrm{F}} - W_{\mathrm{max}}) - (\varepsilon_N + b_{\mathrm{d}}))$$

由于

$$K_{\mathrm{vmin}} \| r \| + k \| \widetilde{W} \|_{\mathrm{F}} (\| \widetilde{W} \|_{\mathrm{F}} - W_{\mathrm{max}}) - (\varepsilon_N + b_{\mathrm{d}})$$

$$= k \left(\| \widetilde{W} \|_{\mathrm{F}} - \frac{W_{\mathrm{max}}}{2} \right)^2 - \frac{k W_{\mathrm{max}}^2}{4} + K_{\mathrm{vmin}} \| r \| - (\varepsilon_N + b_{\mathrm{d}})$$

则要使 $\dot{L} \leqslant 0$，需要

$$\| r \| \geqslant \frac{\dfrac{k W_{\mathrm{max}}^2}{4} + (\varepsilon_N + b_{\mathrm{d}})}{K_{\mathrm{vmin}}} \tag{5-69}$$

或

$$\| \widetilde{W} \|_{\mathrm{F}} \geqslant \frac{W_{\mathrm{max}}}{2} + \sqrt{\frac{\dfrac{W_{\mathrm{max}}^2}{4} + (\varepsilon_N + b_{\mathrm{d}})}{k}} \tag{5-70}$$

（4）取 $v(t) = 0$，存在 ε 和 τ_{d}，考虑鲁棒项 $v(t)$ 设计的情况。

将鲁棒项 v 设计为

$$v = - (\varepsilon_N + b_{\mathrm{d}}) \mathrm{sgn}(r) \tag{5-71}$$

控制律取式(5-59)，神经网络自适应律取式(5-63)。

定义 Lyapunov 函数：

$$L = \frac{1}{2}r^{\mathrm{T}}Mr + \frac{1}{2}\mathrm{tr}(\widetilde{W}^{\mathrm{T}}F^{-1}\widetilde{W})$$

则

$$\dot{L} = r^{\mathrm{T}}M\dot{r} + \frac{1}{2}r^{\mathrm{T}}\dot{M}r + \mathrm{tr}(\widetilde{W}^{\mathrm{T}}F^{-1}\dot{\widetilde{W}})$$

将式(5-60)代入上式，得

$$\dot{L} = -r^{\mathrm{T}}K_{v}r + \frac{1}{2}r^{\mathrm{T}}(\dot{M} - 2C)r + \mathrm{tr}\,\widetilde{W}^{\mathrm{T}}(F^{-1}\dot{\widetilde{W}} + \varphi r^{\mathrm{T}}) + r^{\mathrm{T}}(\varepsilon + \tau_{\mathrm{d}} + \upsilon)$$

$$\dot{L} = -r^{\mathrm{T}}K_{v}r + r^{\mathrm{T}}(\varepsilon + \tau_{\mathrm{d}} + \upsilon)$$

由于

$$r^{\mathrm{T}}(\varepsilon + \tau_{\mathrm{d}} + \upsilon) = r^{\mathrm{T}}(\varepsilon + \tau_{\mathrm{d}}) + r^{\mathrm{T}}\upsilon = r^{\mathrm{T}}(\varepsilon + \tau_{\mathrm{d}}) - \|r\|(\varepsilon_{N} + b_{\mathrm{d}}) \leq 0$$

则

$$\dot{L} \leq 0$$

针对以上情况，由于当 $\dot{L} \equiv 0$ 时，$r \equiv 0$ 根据 LaSalle 不变性原理，闭环系统渐近稳定，$t \to \infty$ 时，$r \to 0$。$L \geq 0$，$\dot{L} \leq 0$ 则 L 有界，从而 $\widetilde{W}$ 有界，但无法保证 $\widetilde{W}$ 收敛 0。

5.5.2.3 针对 $f(x)$ 中各项分别进行神经网络逼近

控制律为

$$\tau = \hat{W}^{\mathrm{T}}\varphi(x) + K_{v}r - \upsilon \tag{5-72}$$

鲁棒荐 υ 取式(5-71)。由式(5-55)知，被控对象中的 $f(x)$ 项可写为

$$f(x) = M(q)\zeta_{1}(t) + C(q,\dot{q})\zeta_{2}(t) + G(q) + F(\dot{q})$$

式中，$\zeta_{1}(t) = \ddot{q}_{\mathrm{d}} + \Lambda\dot{e}$，$\zeta_{2}(t) = \dot{q}_{\mathrm{d}} + \Lambda e$。

采用 RBF 神经网络，可以对中的 $f(x)$ 各项分别进行逼近：

$$\hat{M}(q) = W_{M}^{\mathrm{T}}\varphi_{M}(q)$$

$$\hat{V}(q,\dot{q}) = W_{V}^{\mathrm{T}}\varphi_{V}(q,\dot{q})$$

$$\hat{G}(q) = W_{G}^{\mathrm{T}}\varphi_{G}(q)$$

$$\hat{F}(\dot{q}) = W_{F}^{\mathrm{T}}\varphi_{F}(\dot{q})$$

则

$$\hat{f}(x) = \begin{bmatrix} W_{M}^{\mathrm{T}}\zeta_{1}(t) & W_{V}^{\mathrm{T}}\zeta_{2}(t) & W_{G}^{\mathrm{T}} & W_{F}^{\mathrm{T}} \end{bmatrix}\begin{bmatrix} \varphi_{M} \\ \varphi_{V} \\ \varphi_{G} \\ \varphi_{F} \end{bmatrix} \tag{5-73}$$

式中，$\varphi(x) = \begin{bmatrix} \varphi_M \\ \varphi_V \\ \varphi_G \\ \varphi_F \end{bmatrix}$，$W^T = \begin{bmatrix} W_M^T & W_V^T & W_G^T & W_F^T \end{bmatrix}$。

自适应律为

$$\dot{\hat{W}}_M = F_M \varphi_M r^T - k_M F_M \parallel r \parallel \hat{W}_M \tag{5-74}$$

$$\dot{\hat{W}}_V = F_V \varphi_V r^T - k_V F_V \parallel r \parallel \hat{W}_V \tag{5-75}$$

$$\dot{\hat{W}}_G = F_G \varphi_G r^T - k_G F_G \parallel r \parallel \hat{W}_G \tag{5-76}$$

$$\dot{\hat{W}}_F = F_F \varphi_F r^T - k_F F_F \parallel r \parallel \hat{W}_F \tag{5-77}$$

式中，$k_M > 0$，$k_V > 0$，$k_G > 0$，$k_F > 0$。

稳定性分析如下：

$$L = \frac{1}{2} r^T M r + \frac{1}{2} \mathrm{tr}(W_M^T F_M^{-1} \tilde{W}_M) + \frac{1}{2} \mathrm{tr}(W_V^T F_V^{-1} \tilde{W}_V)$$
$$+ \frac{1}{2} \mathrm{tr}(W_G^T F_G^{-1} \tilde{W}_G) + \frac{1}{2} \mathrm{tr}(W_F^T F_F^{-1} \tilde{W}_F)$$

则

$$\dot{L} = r^T M \dot{r} + \frac{1}{2} r^T \dot{M} r + \mathrm{tr}(\tilde{W}_M^T F_M^{-1} \dot{\tilde{W}}_M) + \mathrm{tr}(\tilde{W}_V^T F_V^{-1} \dot{\tilde{W}}_V)$$
$$+ \mathrm{tr}(\tilde{W}_G^T F_G^{-1} \dot{\tilde{W}}_G) + \mathrm{tr}(\tilde{W}_F^T F_F^{-1} \dot{\tilde{W}}_F)$$

将式(5-60)代入上式，得

$$\dot{L} = - r^T M_V r + \frac{1}{2} r^T (\dot{M} - 2V_m) r + r^T (\varepsilon + \tau_d) + r^T \upsilon + \mathrm{tr}\, \tilde{W}_M^T (F_M^{-1} \dot{\tilde{W}}_M + \varphi_M r^T)$$
$$+ \mathrm{tr}\, \tilde{W}_V^T (F_V^{-1} \dot{\tilde{W}}_V + \varphi_V r^T) + \mathrm{tr}\, \tilde{W}_G^T (F_G^{-1} \dot{\tilde{W}}_G + \varphi_G r^T) + \mathrm{tr}\, \tilde{W}_F^T (F_F^{-1} \dot{\tilde{W}}_F + \varphi_F r^T) \tag{5-78}$$

考虑机械手特性，并将神经网络自适应律式(5-74) ~ 式(5-77)代入上式，得

$$\dot{L} = - r^T K_V r + k_M \parallel r \parallel \mathrm{tr}\, \tilde{W}_M^T (W_M - \tilde{W}_M) + k_V \parallel r \parallel \mathrm{tr}\, \tilde{W}_V^T (W_V - \tilde{W}_V)$$
$$+ k_G \parallel r \parallel \mathrm{tr}\, \tilde{W}_G^T (W_G - \tilde{W}_G) + k_F \parallel r \parallel \mathrm{tr}\, \tilde{W}_F^T (W_F - \tilde{W}_F) + r^T (\varepsilon + \tau_d) + r^T \upsilon$$

由于

$$\mathrm{tr}\, \tilde{W}^T (W - \tilde{W}) = (\tilde{W}, W)_F - \parallel W \parallel_F^2 \leqslant \parallel \tilde{W} \parallel_F \parallel W \parallel_F - \parallel \tilde{W} \parallel_F^2$$

考虑鲁棒项式(5-71)，则

$$\dot{L} \leqslant - K_{\text{vmin}} \parallel r \parallel^2 + k_{\text{M}} \parallel r \parallel \parallel \widetilde{W}_{\text{M}} \parallel_{\text{F}} (W_{\text{Mmax}} - \parallel \widetilde{W}_{\text{M}} \parallel_{\text{F}})$$

$$+ k_{\text{V}} \parallel r \parallel \parallel \widetilde{W}_{\text{V}} \parallel_{\text{F}} (W_{\text{Vmax}} - \parallel \widetilde{W}_{\text{V}} \parallel_{\text{F}})$$

$$+ k_{\text{G}} \parallel r \parallel \parallel \widetilde{W}_{\text{G}} \parallel_{\text{F}} (W_{\text{Gmax}} - \parallel \widetilde{W}_{\text{GM}} \parallel_{\text{F}}) + k_{\text{F}} \parallel r \parallel \parallel \widetilde{W}_{\text{F}} \parallel_{\text{F}} (W_{\text{Fmax}} - \parallel \widetilde{W}_{\text{F}} \parallel_{\text{F}})$$

$$= - \parallel r \parallel K_{\text{vmin}} \parallel r \parallel + k_{\text{M}} \parallel \widetilde{W}_{\text{M}} \parallel_{\text{F}} (\parallel \widetilde{W}_{\text{M}} \parallel_{\text{F}} - W_{\text{Mmax}})$$

$$+ k_{\text{V}} \parallel \widetilde{W}_{\text{V}} \parallel_{\text{F}} (\parallel \widetilde{W}_{\text{V}} \parallel_{\text{F}} - W_{\text{Vmax}}) + k_{\text{G}} \parallel \widetilde{W}_{\text{G}} \parallel_{\text{F}} (\parallel \widetilde{W}_{\text{G}} \parallel_{\text{F}} - W_{\text{Gmax}})$$

$$+ k_{\text{F}} \parallel \widetilde{W}_{\text{F}} \parallel_{\text{F}} (\parallel \widetilde{W}_{\text{F}} \parallel_{\text{F}} - W_{\text{Fmax}})$$

由于

$$k \parallel \widetilde{W} \parallel_{\text{F}} (\parallel \widetilde{W} \parallel_{\text{F}} - W_{\text{max}}) = k \left(\parallel \widetilde{W} \parallel_{\text{F}} - \frac{W_{\text{max}}}{2} \right)^2 - \frac{k w_{\text{max}}^2}{4}$$

要使 $\dot{L} \leqslant 0$，需要

$$\parallel r \parallel \geqslant \frac{\dfrac{k_{\text{M}} w_{\text{Mmax}}^2}{4} + \dfrac{k_{\text{V}} w_{\text{Vmax}}^2}{4} + \dfrac{k_{\text{G}} w_{\text{Gmax}}^2}{4} + \dfrac{k_{\text{F}} w_{\text{Fmax}}^2}{4}}{W_{\text{Vmax}}} \tag{5-79}$$

或

$$\parallel \widetilde{W}_{\text{M}} \parallel_{\text{F}} \geqslant W_{\text{Mmax}}, \text{且} \parallel \widetilde{W}_{\text{G}} \parallel_{\text{F}} \geqslant W_{\text{Gmax}}, \text{且} \parallel \widetilde{W}_{\text{V}} \parallel_{\text{F}} \geqslant W_{\text{Vmax}}, \text{且} \parallel \widetilde{W}_{\text{F}} \parallel_{\text{F}} \geqslant W_{\text{Fmax}} \tag{5-80}$$

由式(5-78)可见，由于 $\dot{L} \leqslant 0$ 当 $\dot{L} \equiv 0$ 时，$r \equiv 0$，根据 LaSalle 不变性原理，当 $t \rightarrow \infty$ 时，$r \rightarrow 0$。由于 $L \geqslant 0$，则 L 有界，从而 r 和 $\widetilde{W}_i$ 有界，但无法保证 $\widetilde{W}_i$ 收敛于零。

第6章 典型竞赛机器人设计实例

6.1 概　　述

在之前的各章节中，我们介绍了理解机器人控制基础所需要的各种知识模块。而只有通过完整的设计流程并面对现实问题，才可以说对机器人的研究是完整的。在本章中，我们打算对为参加机器人比赛，设计与实现一个可工作的机器人所涉及的步骤进行综述。另外，下面列出的一些约定必须予以注意。

（1）机器人的功能：这仅涉及机器人将被期望做什么。当然，从它的名字也可以明显地看出来。例如，爬壁机器人（WCR）的名字表明了那个机器人被假定要做什么。在某些情况下，机器人的功能并不能从名字明显地看出来。总的来说，机器人的具体功能需要被明确定义。

（2）技术要求：除了功能，一个机器人还要有性能的技术要求，如速度、负载等。此外，在一些机器人赛事中，比赛规则会限制机器人的重量和尺寸，设计者也必须注意这些因素。

（3）运行条件：例如，爬壁机器人可能规定了不允许使用磁铁，或者不能使用非电力驱动。在一些情况下，能源也会被限制，如机器人不许使用内燃机作为动力。

详述每一个机器人比赛的设计流程是不可能的。但我们打算描述几个竞赛机器人的设计步骤，以便读者能领会理论是怎样被应用来实现机器人期望的功能和性能的，连同组件和材料的选择一并了解。我们将研究两种竞赛机器人设计流程，也就是平衡杆机器人（PBR）和爬壁机器人（WCR），它们是新加坡机器人大赛（SRG 2012）中的项目。

PBR 被要求在一个3m长、1m宽的水平平台上运行，从一端移动到另一端，同时保持一个可自由下落的杆的平衡。在开始后给定的一段时间内首先机器人要保持杆的平衡。在完成这个任务之后，它将移动到平台的另一端，然后再返回到起始位置。在允许的时间内，它能尽可能多地重复往返。最后，它将返回到起点并停留在那里保持杆的平衡，等待另一个给定时间段。

WCR 比赛是在一个结构物中举行的，这个结构物由一个水平平面、一个竖直面以及天花板组成，所有的结构部分都是无磁性的。WCR 被要求从水平平面开始启动，爬上竖直面，再在天花板下面运动。为这个比赛而设计的机器人必须是全自动的。下面讨论设计步骤。

6.2 平衡杆机器人

在本例中的主要挑战是设计一个可机动的小车，它通过一个有一个自由度的旋转关节支撑一个倒立摆，摆杆可以沿小车的运动方向自由下落。小车应保证摆杆在竖直位置而不下落，同时小车沿直线向前或向后运动。平衡杆机器人系统如图 6-1 所示。

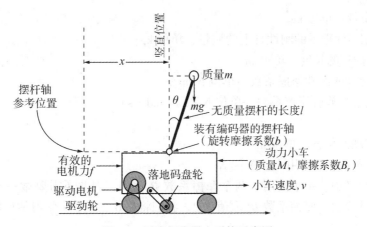

图 6-1　平衡杆机器人系统示意图

在这一特定的竞赛中，可以看出挑战是如何设计合适的控制策略来实现目标。为使事情简化，在本节的讨论中，我们将略去所有的仪器仪表和动力驱动问题。这一竞赛是基于一个著名的控制理论研究问题而特别设计的，因此，该问题的理论解答已被诸多作者所讨论（Ogata，1990，1995）。在这些理论研究中提出来的主要推力是应用状态反馈的小车的力控制，其中状态反馈增益是由闭环极点配置方法或者线性二次型最优控制（LQR）概念来计算的。此外，在他们的模型中还巧妙地假设了系统为线性的。

倘若摆杆偏离竖直方向上的角度并不是很大，换言之，不大于 7°，线性假设是成立的（在 θ 角很小时，$\sin\theta \approx \theta$），这里 θ 是摆杆与竖直方向上的偏角。虽然针对这一问题的理论解决方法是可行的，但在实现中并没有那么简单。显然，在这类比赛中机器人设计者面临的挑战是如何将理论应用于实践当中。在本章中，我们将关注实现问题。

6.2.1　数学建模

我们认为对如图 6-1 所示小车的速度控制的实现，比作用力控制的实现要容易得多，这是因为作用力的控制涉及利用电机的反电动势和电流测量的转矩控制。这里，我们基于速度控制来开发控制策略，尽管通过作用力控制模型在文献中已经被广泛地提出和建立，但是这些模型还是忽略某些摩擦因素。然而我们也需要包括摩擦项，因为摩擦在机器人运动以及在摆杆摇摆的过程中起到了一定的作用。我们假设质量为 m，连接在一个长度为 l

的刚性摆杆上。在现实中，杆的重量可能是在长度上均匀分布的，从这个意义上讲，这是一个近似的分析，但对于实际设计来说已经足够了。更加精确的分析过于复杂，在此处不再赘述。

　　详细的倒立摆动力学分析可在 Ogata(1990)的参考文献中找到。这里，我们通过仅仅修改两个已经被证明过的公式，将摩擦因素包含进模型分析中。这里有两种摩擦：一种是机器人小车在运动过程中的摩擦，另一种是摆杆支撑系统的旋转摩擦。旋转摩擦力的描述参见图 6-2。

　　定义下列符号：

M：小车质量，单位 kg。

m：连接在不计重量的刚性杆上的质量，单位 kg。

l：无质量摆杆的长度，单位 m。

B_r：小车运动的线性摩擦系数，单位 N/m/s。

b：摆杆关节的旋转摩擦系数，单位 N·m/(rad·s)。

g：重力加速度。

x：小车移动的位置，单位 m。

f：水平方向施加的作用力，单位 N。

　　在以上的定义中，由于使用了两个摩擦系数 B_r 和 b，因此还需要做一些附加的估计工作。根据实际经验，摩擦系数 B_r 取值为 2。我们将在 6.2.9 节中学习估计旋转摩擦系数 b 的方法。

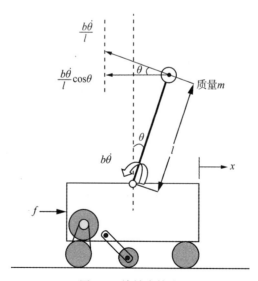

图 6-2　旋转摩擦力

　　参照图 6-2，摆杆支撑关节处的摩擦力矩为

$$t_f = b \frac{\mathrm{d}\theta}{\mathrm{d}t} \tag{6-1}$$

再者，摆杆质心处的等效线性摩擦力可写为

$$f_{\rm b} = \frac{b}{l} \frac{{\rm d}\theta}{{\rm d}t} \tag{6-2}$$

因此，在水平分量上有

$$f_{\rm h} = \frac{b}{l} \frac{{\rm d}\theta}{{\rm d}t} \cos\theta \tag{6-3}$$

由于机器人小车的线性摩擦造成的附加反作用可表示为

$$f_{\rm v} = B_{\rm r} \frac{{\rm d}x}{{\rm d}t} \tag{6-4}$$

假设 θ 很小，并且忽略附加摩擦项，线性力平衡方程可被写为

$$(M + m) \frac{{\rm d}^2 x}{{\rm d}t^2} + ml \frac{{\rm d}^2 \theta}{{\rm d}t^2} = f \tag{6-5}$$

附加摩擦因素方程已在式(6-3)和式(6-4)给出。因为方程式(6-5)式等号左边的反作用力与等号右边施加的外加作用力相等，所以可以将附加摩擦力加入到等式的左侧并将式(6-5)修改为

$$(M + m) \frac{{\rm d}^2 x}{{\rm d}t^2} + B_{\rm r} \frac{{\rm d}x}{{\rm d}t} + ml \frac{{\rm d}^2 \theta}{{\rm d}t^2} + \frac{b}{l} \frac{{\rm d}\theta}{{\rm d}t} \cos\theta = f \tag{6-6}$$

又因为 θ 很小，上式可以写为

$$(M + m) \frac{{\rm d}^2 x}{{\rm d}t^2} + B_{\rm r} \frac{{\rm d}x}{{\rm d}t} + ml \frac{{\rm d}^2 \theta}{{\rm d}t^2} + \frac{b}{l} \frac{{\rm d}\theta}{{\rm d}t} = f \tag{6-7}$$

这样就完成了水平方向上动力学运动。接下来，我们将把精力转移到杆的旋转动力学运动上。忽略摆杆的轴摩擦，杆运动的力平衡方程可写为

$$m \frac{{\rm d}^2 x}{{\rm d}t^2} \cos\theta + ml \frac{{\rm d}^2 \theta}{{\rm d}t^2} = mg\sin\theta \tag{6-8}$$

在方程的两边同乘以 l，得到

$$m \frac{{\rm d}^2 x}{{\rm d}t^2} l\cos\theta + ml^2 \frac{{\rm d}^2 \theta}{{\rm d}t^2} = mgl\sin\theta \tag{6-9}$$

现在，可以确定以下这些项的性质，摆杆相对于轴运动时的转动惯量为

$$I_m = ml^2$$

由杆端的质量 m 产生的转矩为

$$t_{\rm m} = mgl\sin\theta$$

质量 m 做纯线性运动时产生的力矩为

$$t_x = m \frac{{\rm d}^2 x}{{\rm d}t^2} l\sin\theta \tag{6-10}$$

因为式(6-9)是力矩平衡方程，可以将式(6-1)中的轴摩擦转矩添加到方程的左侧，写为

$$m \frac{{\rm d}^2 x}{{\rm d}t^2} l\cos\theta + ml^2 \frac{{\rm d}^2 \theta}{{\rm d}t^2} + b \frac{{\rm d}\theta}{{\rm d}t} = mgl\theta \tag{6-11}$$

应用 θ 很小的假设，上式可以写为

$$m\frac{\mathrm{d}^2x}{\mathrm{d}t^2} + ml^2\frac{\mathrm{d}^2\theta}{\mathrm{d}t^2} + b\frac{\mathrm{d}\theta}{\mathrm{d}t} = mgl\theta \tag{6-12}$$

或是

$$m\frac{\mathrm{d}^2x}{\mathrm{d}t^2} + ml\frac{\mathrm{d}^2\theta}{\mathrm{d}t^2} + \frac{b}{l}\frac{\mathrm{d}\theta}{\mathrm{d}t} = mg\theta \tag{6-13}$$

式(6-7)与式(6-13)包含了摩擦项，这是描述 PBR 动力学特征的两个关键方程。因为机器人有车轮轴承、减速齿轮箱、电机和摆杆轴的摩擦，这种描述方法能更好地代表实际机器人系统。

现在可以建立状态方程并应用控制策略，以力 f 作为被操作变量，来调节摆杆角度和小车的移动距离。虽然在开始的时候我们想排除力控制，但可以看到式(6-7)中仍包含作为输入的力 f。在接下来的部分中，将说明如何避免力控制而使用速度控制。让我们对上述两个方程进行拉普拉斯变换，得到

$$\left[(M+m)s^2 + B_{\mathrm{r}}s\right]X(s) + \left[(ml)s^2 + \left(\frac{b}{l}\right)s\right]\theta(s) = F(s) \tag{6-14}$$

$$ms^2X(s)\left[(ml)s^2 + \left(\frac{b}{l}\right)s - mg\right]\theta(s) = 0 \tag{6-15}$$

仔细研究第二个方程，写为传递比的形式

$$\frac{\theta(s)}{X(s)} = \frac{-ms^2}{mls^2 + (b/l)s - mg} \tag{6-16}$$

由于 $v = (\mathrm{d}x/\mathrm{d}t)$；因此，$V(s) = sX(s)$，式(6-16)可改写为

$$\frac{\theta(s)}{sX(s)} = \frac{\theta(s)}{V(s)} = \frac{-ms}{mls^2 + (b/l)s - mg} \tag{6-17}$$

现在我们关注式(6-14)，它描述了小车位置是如何取决于作用力的。我们知道由于方程中包含 $\theta(s)$ 的第二部分的作用非常小，因为 M 比 m 大很多，同时 θ 很小。通常，机器人的质量 M 是几千克而摆杆上的质量 m 约为 100g。因此，我们期望通过忽略这一项来对模型做近似，将式(6-14)重写为

$$\left[(M+m)s^2 + B_{\mathrm{r}}s\right]X(s) = F(s)$$
$$\left[(M+m)s + B_{\mathrm{r}}\right]V(s) = F(s)$$

或者

$$V(s) = \frac{1}{\left[(M+m)s + B_{\mathrm{r}}\right]}F(s) \tag{6-18}$$

式中，$F(s)$ 表示作用力。我们可以探究如何用电机参数和其他电信号输入的函数来表征作用力。在进行下一步讨论之前，先定义以下一些参数和输入量：

E_{s}：施加在电机上的电压，单位为 V。

E_{b}：电机的反电动势，单位为 V。

R_{a}：电枢电阻，单位为 Q。

K_{b}：电机反电动势常数，单位为 volts/(rad·s)。

K_t：电机转矩常数，单位为 N·m/A。

N_g：驱动轮电机减速箱的减速比。

r_w：驱动轮的半径，单位为 m。

t_m：电机的转矩，单位为 N·m。

t_w：驱动轮的转矩，单位为 N·m。

忽略电枢电感泄漏的影响，电机产生的转矩可给出为 $t_m = K_t \dfrac{E_s - E_b}{R_a}$。由于泄漏通常很小，因此在这里可以忽略。(电机产生的)作用在驱动轮上的力矩可写为

$$t_w = N_g K_t \frac{E_s - E_b}{R_a} \tag{6-19}$$

轮子与地面接触处产生的推动小车运动的推力为

$$f = \frac{t_w}{r_w} = N_g K_t \frac{E_s - E_b}{R_a} = \frac{N_g K_t}{r_w R_a}(E_s - E_b) = T_f(E_s - E_b) \tag{6-20}$$

然而，我们知道

$$E_b = K_b \omega_m = K_b N_g \omega_w \tag{6-21}$$

因为 $\omega_m = N_g \omega_w$，其中 ω_m 为电机的角速度；ω_w 为驱动轮的角速度。

此外，速度为

$$V = r_w \omega_m \tag{6-22}$$

联立方程式(6-22)，式(6-21)，可得

$$E_b = \frac{K_b N_g V}{r_w} = \frac{K_b N_g}{r_w} = H_b V \tag{6-23}$$

联立方程式(6-18)，式(6-20)与式(6-23)，可得部分框图如图6-3所示。

施加的电压 E_s 与输出速度 V 之间的闭环传递函数为

$$\frac{V}{E_s} = \frac{1}{H_b + ((M+m)s + B_r)/T_f} = \frac{T_f}{H_b T_f + (M+m)s + B_r} \tag{6-24}$$

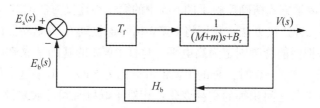

图 6-3　从施加的电压到速度的部分框图

替换 T_f 和 H_b 可得

$$\frac{V}{E_s} = \frac{[K_t N_g r_w]}{[(M+m)R_a r_w^2]s + [B_r R_a r_w^2 + K_t K_b N_g^2]} \tag{6-25}$$

该式描述了小车对施加在驱动电机电枢上电压的响应的动力学。显然，这是一个一阶系统，而且并不像看起来那样复杂。我们可以建立一个简单的闭环控制系统，使小车速度

可以跟踪一个给定的参考速度。施加的电压 E_s 将作为被操作变量，参考速度 V_R 将和实际速度 V 作对比，所得的误差将被增益 G 放大（在数字化系统中，这仅需一个乘法运算指令）。我们将使用脉宽调制控制（PWM），经过放大（或被乘后）的误差信号将改变 PWM 的占空比来管理电机速度的控制，这样的实现如图 6-4 所示。

图 6-4 中有一些新的变量，它们是：

T_{pwm}：以时钟计数的 PWM 周期；

δ：脉冲保持部分；

G：比例增益。

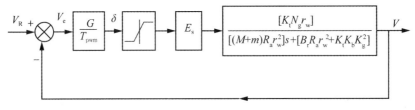

图 6-4　速度控制实现

有两种连接方式可以实现图 6-4 中框图的作用。在图 6-5 所示的方式 1 的连接方法中，H 桥（H-bridge）的方向控制管脚（Dir/phase）被置成了响应由控制计算机计算的被操作变量的符号；PWM 信号进入 H 桥的使能管脚（E）；那么，占空比 $\delta = 0$ 表示有效脉冲为零，占空比 $\delta = 1$ 表示有效脉冲占满整个周期。然而，方向（相位）信号输入在被操作变量的符号为正时变成高电平，在被操作变量的符号为负时变成低电平。这意味着倘若符号信号为正（方向管脚为高电平），且 PWM 占空比为 100%，电机提供最大正方向推力；如果符号为负（方向管脚为低电平），且 PWM 占空比为 100%，电机提供最大反方向推力。显然，δ 被限制在 ± 1 之间。注意占空比不可能为负。因此，$a = |\delta|$ 是占空比系数，从而向电机提供了平均值为 aE_s 的电压。方向管脚决定了电压是如何连接到电机上的，正向或者是反向。因此图 6-4 以数学方式精确反映了图 6-5 中的第一种连接方法的效果。

图 6-5 中的第二种连接方法，我们将 PWM 信号连接到 H 桥驱动器的方向输入，并用软件或硬件的方法把使能管脚固定为高电平。这样 PWM 的基础是取 PWM 周期的一半，δ 被限定在 ± 1 之间。当 $\delta = 0$ 时，总的 PWM 占空比为 50%。由于这个信号将进入方向管脚，电机电流将在正负之间相等的交替变化；相对于电机时间常数来说，这是一个非常高频率的变化，因此电机将不会转动。当 $\delta = 1$ 时，总的 PWM 占空比为 100%，全部的正向电压将施加在电机上，使其产生最大的正向推力，当 $\delta = -1$ 时，总的 PWM 占空比为 0%，全部的反向电压将施加在电机上，使其产生最大的反向推力。然而，为了方便起见，在图 6-5 中再次说明。事实上，当 δ 从 -1 变到 0 再变到 $+1$ 时，电机电源从反向最大变到 0 再变到正向最大。尽管如此，图 6-4 所用的数学方式仍可以精确反映第二种连接方法（图 6-5）的结果。

通常，PWM 是通过引入定时器中断来实现的，这些手段是根据处理器而特定的。现

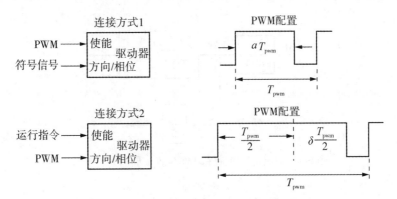

图 6-5 H 桥驱动的两种常见连接

再回到我们讨论的主要问题上，即在图 6-4 中都有哪些信息。通过化简得到整体的闭环函数如下：

$$\frac{V}{V_g} = \frac{[GE_sK_tN_gr_w/T_{pwm}]}{[(M+m)R_ar_w^2]\,s + [B_rR_ar_w^2 + K_tK_bN_g^2 + GE_sK_tN_gr_w/T_{pwm}]}$$

$$\frac{V}{V_R} = \frac{[GE_sK_tN_g/T_{pwm}R_ar_w]}{[M+m]\,s + [B_r + (K_tK_bN_g^2/R_ar_w^2) + (GE_sK_tN_g/T_{pwm}R_ar_w)]}$$

$$= \frac{\hat{G}}{(M+m)S + \hat{B}} \tag{6-26}$$

尽管这是一个一阶系统，但看起来仍很复杂。进一步，它也可写为带时间常数的形式：

$$\frac{V}{V_g} = \frac{(\hat{G}/\hat{B})}{[(M+m)/\hat{B}]\,s + 1} = \frac{a}{Ts + 1} \tag{6-27}$$

通过对比式（6-26）和（6-27）的各项，可以计算出该系统的各个参数。联立式（6-17）和式（6-27），整个系统的控制框图可重构为图 6-6。

事实上，表示另一个输出的位移 x 的方框图也应画出来，如图 6-7 所示。

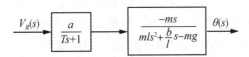

图 6-6 仅考虑摆杆角度控制的框图

6.2.2 摆杆角控制的传递函数

为仔细研究这个问题，我们用 MATLAB 为工具来进行分析。第一步，考虑一个只控

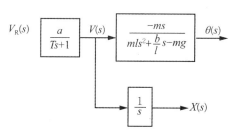

图 6-7　摆杆角度控制和小车位置控制的完整框图

制角度 θ 的系统，而不是在原问题定义中的同时控制位移 x 与角度 θ。这样的一个配置见图 6-8 所示，注意变量 x 已被忽略。

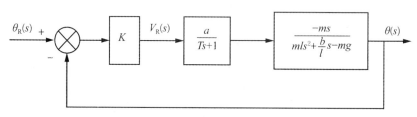

图 6-8　用增益为 K 的比例控制器的简单角度 θ 控制系统

这样的系统不可能使角度 θ 达到稳定状态，这个练习只是为了理解这个问题。我们知道式(6-17) 和式(6-27) 描述了一个级联的系统。更进一步，我们注意到 a 与 T 的取值取决于值 G，这些参数的取值是预先设置的和不受扰动的，它们是控制小车速度响应参考速度输入的级联控制器的一部分。这个参考速度起到被操作变量的作用。让我们试着用一个简单的程序来求解开环极点，并绘制当 K 值改变时上述系统的根轨迹。尽管之前已经做了一些计算，但是我们还是用 MATLAB 进行全部的计算和极点轨迹绘制（Cavello et al.，1996）。这给我们提供了对问题的性质的观察。程序和结果清单见图 6-9。

在图 6-9 所示代码中，变量 pden 显示整个开环系统有一个不稳定极点，闭环系统根轨迹图如图 6-10 所示。

显然，在形成闭环之后，不论怎样改变图 6-8 中增益 K 的幅值或者符号该系统都将不稳定。这里特别强调：在这一特殊情况下，简单反馈将不可行。我们可以尝试其他的控制手段，如积分控制器、PD 控制器、PID 控制器。即使找到一个合适的控制器能在参考输入为 $\theta R = 0$ 时调节角度 θ，机器人小车将(不能停止下来而是不停地)滑动。我们的目标是通过单一被操作变量 V_R 来调节角度 θ 和控制位移 x，这样的系统可归入单输入多输出系统（SIMO）。我们将在下面的章节中对该目标的实现进行讨论。

6.2.3　平衡杆机器人状态模型

忽略摩擦因素条件下，用作用力作为操作变量的倒立摆控制器设计已在文献中被广泛

```
%This is the root-locus analysis for the pole angle control % only
ignoring the distance x controller parameters
G=1000;
Tpwm=1000;
%vehicle parameters
M=2.5;
Br=2;
m=0.13;
Ng=8;
rw=0.03;
%motor parameters
Kt=0.033;
Kb=0.033;
Ra=6.0;
Es=28;
Gm=G*Es*Kt*Ng/(Tpwm*Ra*rw)
Mm=M+m;
Bm=Br+Kt*Kb*Ng*Ng/(Ra*rw*rw)+Gm
Alpha=Gm/Bm;
T=Mm/Bm
Num_m=[0 Alpha]
Den_m=[T 1]
%
%pole angle dynamics parameters
%
l=0.99/2;
m=0.13;
b=0.01;
g=9.81;
Num_p=[-m 0]
Den_p=[m*l (b/l) -m*g]
%
%Overall transfer function velocity to theta
Num=conv(Num_m,Num_p)
Den=conv(Den_m,Den_p)
%
%Find the roots of numerator and denominator polynomials
%
znum=roots(Num)
pden=roots(Den)
%
%Plot the closed loop poles of a simple controller
%
rlocus(Num,Den)


Gm =  41.0667
Bm = 55.9733
Alpha=0.7337
T =   0.0470
Num_m = [    0    0.7337 ]
Den_m = [0.0470    1.0000]
Num_p = [-0.1300        0]
Den_p = [0.0644    0.0202   -1.2753]
Num =  [0   -0.0954         0]
Den =  [ 0.0030  0.0653   -0.0397   -1.2753]
znum =      0
pden = -21.2826   -4.6115    4.2976
```

图 6-9 计算单闭环系统的根轨迹的 MATLAB 代码和结果

讨论和介绍(Ogata, 1990, 1995)。如图 6-10 所示。

    这里所介绍的主要区别是在模型中包含了摩擦项,并使用期望的速度作为被操作变量。这适用于本节接下来介绍的所有控制器设计中。为了进行下一步的处理,我们需要写出系统的状态方程。将状态量定义如下:

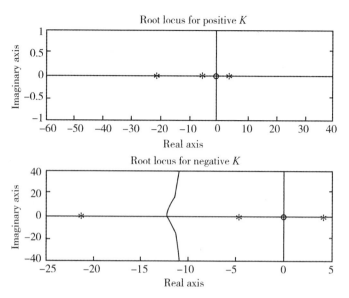

图 6-10　仅考虑摆杆角控制的，K 为正值和负值的闭环根轨迹图

$$x_1 = x$$
$$x_2 = \dot{x} = v = \dot{x}_1$$
$$x_3 = \theta \tag{6-28}$$
$$x_4 = \dot{\theta} = \dot{x}_3$$

考虑式(6-17)，将方程两边的项交叉相乘得

$$\frac{\theta(s)}{SX(s)} = \frac{\theta(s)}{V(s)} = \frac{-ms}{mls^2 + \dfrac{b}{l}s - mg}$$

$$mls^2\theta(s) + \frac{b}{l}s\theta(s) - mg\theta(s) = -msV(s) \tag{6-29}$$

通过取拉普拉斯反变换得到

$$ml\frac{\mathrm{d}^2\theta}{\mathrm{d}t^2} + \frac{b}{l}\frac{\mathrm{d}\theta}{\mathrm{d}t} - mg\theta = m\frac{\mathrm{d}V}{\mathrm{d}t} \tag{6-30}$$

现在，将式(6-28)代入式(6-30)，可得

$$ml\dot{x}_4 + \frac{b}{l}x_4 - mgx_3 = -m\dot{x}_2 \tag{6-31}$$

要构建一个状态空间方程，需要消除等式(6-31)右侧的微分项。为此，将式(6-27)变形为

$$\frac{V}{V_R} = \frac{a}{Ts + 1}$$
$$TsV(s) + V(s) = aV_R(s) \tag{6-32}$$

再通过拉普拉斯反变换得到

$$\left. \begin{array}{l} T\dfrac{\mathrm{d}V}{\mathrm{d}t} + V = aV_{\mathrm{R}} \\[3mm] T\dot{x}_3 = aV_{\mathrm{R}} - x_2 \\[3mm] \dot{x}_2 = a\dfrac{V_{\mathrm{R}}}{T} - \dfrac{x_2}{T} \end{array} \right\} \tag{6-33}$$

将式(6-33)代入式(6-31)中,得到

$$ml\dot{x}_3 + \frac{b}{l}x_4 - mgx_3 = -ma\frac{V_{\mathrm{R}}}{T} + m\frac{x_2}{T} \tag{6-34}$$

现在,我们集合状态方程:

$$\left. \begin{array}{l} \dot{x}_1 = x_2 \\[2mm] \dot{x}_2 = -\dfrac{1}{T}x_2 + \dfrac{a}{T}V_{\mathrm{R}} \\[3mm] \dot{x}_3 = x_4 \\[2mm] \dot{x}_4 = \dfrac{b}{Tl}x_2 + \dfrac{g}{l}x_3 - \dfrac{b}{ml^2}x_4 - \dfrac{a}{Tl}V_{\mathrm{R}} \end{array} \right\} \tag{6-35}$$

以上方程可被汇集在一起组成如下状态方程:

$$\begin{bmatrix} \dot{x}_1 \\ \dot{x}_2 \\ \dot{x}_3 \\ \dot{x}_4 \end{bmatrix} = \begin{bmatrix} 0 & 1 & 0 & 0 \\ 0 & -\dfrac{1}{T} & 0 & 0 \\ 0 & 0 & 1 & 1 \\ 0 & \dfrac{1}{Tl} & \dfrac{g}{l} & -\dfrac{b}{ml^2} \end{bmatrix} \begin{bmatrix} x_1 \\ x_2 \\ x_3 \\ x_4 \end{bmatrix} + \begin{bmatrix} 0 \\ \dfrac{a}{T} \\ 0 \\ -\dfrac{a}{Tl} \end{bmatrix} V_{\mathrm{R}} \tag{6-36}$$

这就是其一般形式:

$$\dot{X} = A \cdot X + B \cdot u \tag{6-37}$$

式中,A 为 4×4 的状态矩阵;B 为 4×1 的输入向量。可将我们在这一节中所做的工作小结如下:

(1)我们推导出了一个模型,其中速度 V_{R} 是被操作输入,用来实现保持摆杆不下落和使小车按照指令信号移动的目的。

(2)我们提到了基于占空比的斩波器控制,如 6.2.1 节中图 6-4 所示。值得注意的是斩波器的工作循环周期应远小于系统时间常数以及所使用的采样周期。这生成了一个等效级联速度控制器增益 a 与时间常数 T,这部分可以看做输入为 V_{R} 输出为 V 的模拟系统。一旦比例增益 G 被固定,那么上述两个参数 a 和 T 也将被固定,这点可以从式(6-25)和式(6-27)中得出。

(3)我们尝试通过将系统看作是一个模拟的连续系统来理解它的一些特点。然而,必须牢记:没有一个模拟控制器可以运用在这样的现代控制系统中。在本章的结尾,我们将演示如何将数字控制器运用在这样的系统中。

6.2.4　从机器人和电机数据建立平衡杆机器人的状态模型

让我们从以上方程中推导连续状态模型，以用于为控制器设计目的的进一步处理。下面的 MATLAB 代码计算出连续状态空间模型。

在图 6-11 中给出的由代码计算得到的结果的矩阵中，A 和 B 是重要的系统矩阵，它们将在以后的计算中被用到。

```
%This is the code for system calculation and design of pole
%placement controller parameters
G=1000;
Tpwm=1000;
%vehicle parameters
M=2.5;
Br=2; %The friction coefficient
m=0.13;
Ng=8;
rw=0.03;
%motor parameters
Kt=0.033;
Kb=0.033;
Ra=6.0;
Es=28;
Gm=G*Es*Kt*Ng/(Tpwm*Ra*rw);
Mm=M+m;
Bm=Br+Kt*Kb*Ng*Ng/(Ra*rw*rw)+Gm;
Alpha=Gm/Bm
T=Mm/Bm
%parameters
l=0.99/2;
m=0.13;
b=0.01;
g=9.81;
A=[0 1 0 0;0 -1/T 0 0;0 0 0 1;0 1/(T*l) g/l -b/(m*l*l)]
Bt=[0 (Alpha/T) 0 (-Alpha/(l*T))];
B=Bt' % B implies state control matrix


System Results:

Alpha =
    0.7337
T =
    0.0470
A =

        0    1.0000         0         0
        0  -21.2826         0         0
        0         0         0    1.0000
        0   42.9952   19.8182   -0.3139


B =
        0
  15.6147
        0
 -31.5449
```

图 6-11　对象模型计算

6.2.5 伺服输入用作补偿的极点配置控制器

首先，看一下 PBR 的本质。这类系统的特点是：

(1)伺服控制的输出只涉及一个状态变量。

(2)所有其他状态变量在稳态时趋向于 0。

(3)系统在稳态时不需要一个非零被操作变量值。

对于 PBR，伺服控制的输出是位移 $x(k) = x_1(k)$，并且其他所有状态均只被调节，因此满足第一项。在开始时，没有位置指令，在稳定运动的末端时，如果没有外界扰动，机器人应保持不动；因此，除了输出状态以外，所有状态均为 0，这样就满足了第二项。由于在处于稳态时机器人是静止的，所以参考速度输入必须为 0，那么就满足了第三项。我们可以尝试使用阶跃函数，通过引入一个针对状态变量 z 的补偿来使机器人移动起来。系统中除了实现补偿以外不再包括任何积分器。通过图 6-9 的 MATLAB 代码所得到的结果，我们也知道了该系统包含一个不稳定的开环极点。通过使用极点配置的方法，实现系统闭环极点在我们期望的位置这样的系统性能。

对于设计，通常从模拟状态模型开始，然后得到离散状态模型，最终处理模型来设计控制器。我们选取 9ms 的采样周期，将模拟模型转化为数字状态空间模型。9ms 是用在实际实现中的真实采样周期，用车载 DSP 处理器实现这样的采样周期是可能的。我们用 MATLAB 代码来从模拟模型矩阵 A 和 B 获得离散状态模型矩阵 G 和 H，矩阵 C 和 D 没有变化。

在之前的章节中讲述了一些关于离散极点配置控制器设计的技巧。然而，我们不关心为这一问题编写的相应算法，直接使用 MATLAB 命令"K=place(G, H, p),"其中 G 是离散系统矩阵，H 是控制向量，p 是包含期望极点位置的向量。我们利用在 6.2.4 节中得到的 A，B，C 和 D 矩阵的值。图 6-12 给出了 MATLAB 代码和运行结果，这一代码中也调用 SIMULINK 模型。

值得注意的是闭环极点仅仅是为了说明目的是任意设定的，而非仔细考虑后的结果。图 6-13 给出了使用新设计的控制器的闭环系统 SIMULINK 模型。在 MATLAB 中调用 SIMUILNK 模型的命令是"[k, x, Outl, Out2, Out3] = sim('figure1013mdl')，其中"figure1013mdl"是该 SIMULINK 模型的文件名。这一命令调用了仿真模型，运行并得到可用于作图的输出数据 Outl、Out2 和 Out3。当程序执行时，仿真将绘制距离和摆杆角度等，以及参考速度这个唯一被操作变量。仿真结果见图 6-14。

在此，通过仔细检查所得结果，我们可以从整体上了解控制器和系统作为一个整体的运行情况。机器人是如何移动的？有趣的是，在启动时刻，摆杆向前下落，然后随着图 6-14 中"摆杆角度"响应曲线的模式运动。由于摆杆的前倾，机器人被迫向前移动去"抓住"摆杆。为了完整地理解这一过程，我们需要去观察控制器是如何通过使用被操作变量 V_R 来实现这一行为的，这可以通过图 6-14 中标有 V_{ref} 的图形看出；我们看到参考速度这一被操作变量轻微地变成负值，为响应这一速度，机器人向后稍微移动；这就导致了摆杆前倾，并引起一连串的事件。

```
A=[0 1 0 0;0 -21.286 0 0;0 0 0 1;0 42.9952 19.8182 -0.3139];
B=[0;15.6147;0;-31.5449];
C=[1 0 0 0];
D=[0;0;0;0];
st=0.009;
[G,H]=c2d(A,B,st);
%desired roots
droots=[0.96 0.97 0.98 0.99]
%Characteristic polynomial
K=place(G,H,droots)
k1=K(1);
k2=K(2);
k3=K(3);
k4=K(4);
Cx=[1 0 0 0;0 1 0 0; 0 0 1 0; 0 0 0 1];
Dx=[0;0;0;0];
x0=[0;0;0;0];
[k,x,Out1,Out2,Out3]=sim('figure1013mdl');
figure(1);
subplot(3,1,1);
plot(k,Out1)
title('Digital Servo just by inserting an offset into output)');
ylabel('position')
grid;
subplot(3,1,2);
plot(k,Out2)
ylabel('pole angle')
grid;
subplot(3,1,3);
plot(k,Out3)
xlabel('  k  ;            time = (k * 0.009) seconds')
ylabel('Vref manipulation')
grid;


Design Results

droots =

    0.9600    0.9700    0.9800    0.9900

K =

   -0.1301   -1.6066   -2.2751   -0.4931
```

图 6-12 极点配置设计的 MATLAB 代码及运行结果

在图 6-14 中看到了系统的响应，下面再看一下我们使用的方法。在上面的练习中，并没有为实现伺服控制做任何努力，我们简单地引入了参考位置作为距离测量的补偿。这一"捷径"并不适用于任意系统。响应曲线让我们更进一步地了解了为什么该方法在这里可以有效工作。机器人在它的开始位置和末端位置并不需要任何稳态速度，因此控制输入的稳态值(参考速度)将变为 0，如图 6-14 所示。在运动结束时，机器人的位移 x 减去补偿值应该为零，且没有其他状态。例如 dx/dy、θ 或者 $d\theta/dt$，可以有非零值，这些在图 6-14 中得到确认。因为 x 和 θ 已经稳定，所以它们可以是不存在的。因此，在系统稳定时，所有的反馈信号均为零，同时也导致了被操作变量的计算值为零。以上也可在图 6-14 中得到确认。由于稳态参考速度可以降为零，在这种情况下便不再需要误差积分。当系统达到稳态，仍存在一个非零的被操作变量时误差积分才被要求使用。因此仅为位置反馈引入补偿的方法对这个机器人起作用。在以上讨论中忽略了干扰，但干扰总是需要认真对待的。

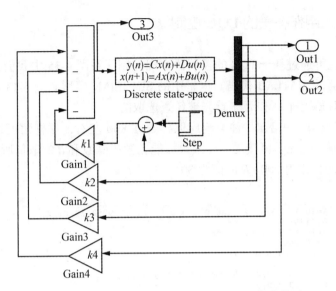

图 6-13 由极点配置控制器控制的 PBR 的仿真模型

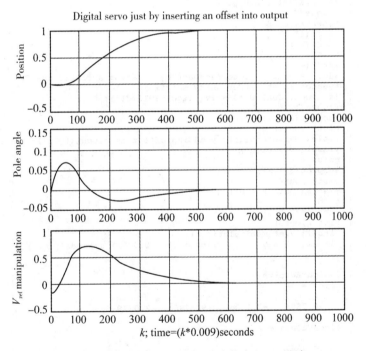

图 6-14 阶跃指令下的机器人响应仿真(PPC 设计)

我们正好利用了 PBR 独特的性质避免了使用基于积分器的伺服控制器或是其他复杂伺服控制技术。此外，通常来说，积分器会降低响应速度，在竞赛环境中，这并不是令人满意的。

6.2.6　伺服输入用作补偿的 LQC 控制器

同样的模型也可通过基于 LQC 的控制器实现控制。在图 6-15 中我们也提供了相应的设计和仿真控制器的 MATLAB 代码。这里用的 SIMULINK 模型和图 6-13 中所示的模型是一样的。注意：对角矩阵 Q 和 R 是首先被任意选取的。

响应曲线在图 6-16 中给出。注意响应取样数在 800 左右，摆杆角度最大偏差为 0.07 弧度，参考速度输入是完全可接受的。结果可能会被矩阵 Q 和 R 的取值所影响，给位置的权重是 20，角度的权重为 200，R 的值为 30。

```
A=[0 1 0 0;0 -21.286 0 0;0 0 0 1;0 42.9952 19.8182 -
0.3139];
B=[0;15.6147;0;-31.5449];
st=0.009;
[G,H]=c2d(A,B,st);
C=[1 0 0 0];
Cx=[1 0 0 0;0 1 0 0;0 0 1 0;0 0 0 1];
Dx=[0;0;0;0];
x0=[0;0;0;0];
Q=[20 0 0 0;0 10 0 0;0 0 200 0;0 0 0 10];
R=[30];
[KK,P,E]=dlqr(G,H,Q,R);
Gains=KK
EigenValues=E
k1=KK(1);
k2=KK(2);
k3=KK(3);
k4=KK(4);
%Get ready for state feedback by creating a fictitious Cx
%vector as 4th order unity matrix
[k,x,Out1,Out2,Out3]=sim('figure1013mdl');
figure(1);
subplot(3,1,1);
plot(k,Out1)
title('Servo control by adding offset to output(LQC)');
ylabel('position')
grid;
subplot(3,1,2);
plot(k,Out2)
ylabel('pole angle')
grid;
subplot(3,1,3);
plot(k,Out3)
ylabel('Vref manipulation')
xlabel(' k ;          time = (k * 0.009 ) seconds')
grid;

Design Results
Gains =

  -0.7584   -3.1588   -9.3780   -2.0379

EigenValues =

    0.7667

    0.9950

    0.9696

    0.9604
```

图 6-15　LQC 设计的 MATLAB 代码及设计结果的仿真

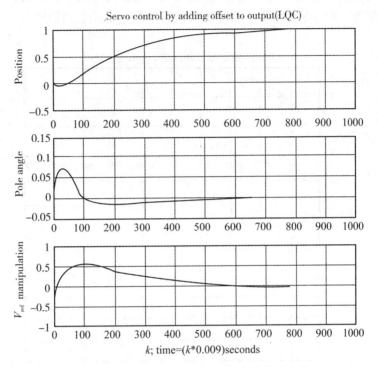

图 6-16 给定 Q 和 R 值的 LQC 控制器响应曲线

Q 矩阵变化带来的影响如下:

响应曲线随着选择不同的位置和摆杆角度的权重而改变。将位置的权重变为 100 而摆杆角度的权重改为 10,不改变 R 的值。修改后的矩阵 Q 对应的 MATLAB 代码变为

$$Q = [100\ 0\ 0;\ 0\ 10\ 0\ 0;\ 0\ 0\ 10\ 0;\ 0\ 0\ 0\ 10]$$

当这个 Q 矩阵被应用时,替换掉图 6-15MATLAB 代码中的矩阵 Q,得到的设计结果如图 6-17 所示。

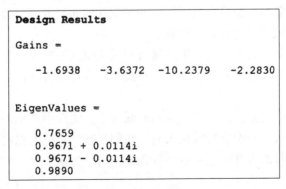

```
Design Results

Gains =

   -1.6938    -3.6372   -10.2379    -2.2830


EigenValues =

   0.7659
   0.9671 + 0.0114i
   0.9671 - 0.0114i
   0.9890
```

图 6-17 新 Q 矩阵值的设计结果

获得的响应曲线如图 6-18 所示。注意到位置响应速度变快了，然而，摆杆角度偏差增大到 0.15 弧度，参考速度的需求实际上比我们在图 6-16 中看到的更大。

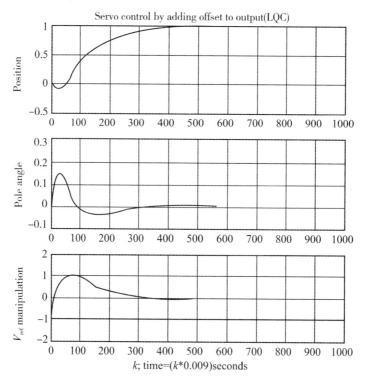

图 6-18　修改 Q 矩阵值后的响应曲线

竞赛环境：在机器人竞技中，响应速度是一个需要考虑的问题。在这样的一个竞赛环境中，为实现要求的速度响应，给位置的权重必须比摆杆角度的权重更高，为此付出的代价是摆杆角度的偏差将会增大。此外，将会需要更大的参考速度，参考速度被用作可操作输入。这种详述的折中在 LQC 设计中是可能的。尽管如此，权重的选择仍要非常仔细。设计者必须考虑物理限制，如最大可用推力和车轮在地面打滑等。另一个需要考虑的因素是，过大的摆杆角度偏差将会破坏线性假设。

在极点配置设计中，我们指定的极点将决定系统模式的响应，但想确定哪一个极点控制哪一个状态变量是不可能的。虽然如此，有经验的设计者可能仍会使用极点配置的方法来获得期望结果。

阶跃输入在实践中的限制：对位置使用阶跃命令在实践中并不是一个好主意，尽管在仿真中看起来满足要求。当响应阶跃输入时，我们观察到机器人想向前冲，在这一过程中驱动轮将会以与地面打滑告终。这一定会导致不稳定。为避免这一问题，参考位置输入量必须逐渐增加。

带积分器的伺服控制：我们将在这里尝试通过引入一个位置反馈补偿量来移动机器人。我们还没有尝试使用带积分器的伺服控制。更多关于应用误差积分器的伺服控制，参见 Ogata（1995）。

6.2.7 应用 DSP 处理器实现平衡杆机器人控制器设计

控制器可以通过应用多种微控制器、微处理器、甚至是 PC 来实现。在这一设计实例中，我们使用 DSP 处理器。在市场中有许多功能强大的 DSP 处理器可用，它们有着比微控制器更快的计算速度。同时也有许多供应商提供基于 DSP 的主板，这些主板带有全部必需的配件如闪存、板载 RAM 以及通信手段。我们将讨论关于应用 DSP 来实现反馈控制的一般原则。

6.2.7.1 硬件设置

系统框图如图 6-19 所示。我们之前已见到，围绕着被控对象，任何一个数字控制器都包含以下硬件部分：

（1）带有程序内存和数据内存的处理器。

（2）数据采集系统，它被用来从对象收集数据。

（3）输出连接到一个功率放大器上的控制器。

（4）为电机提供能量的驱动系统。

在最近的一些产品中，这些硬件单元被集成在一起，它们间的区别变得模糊了。

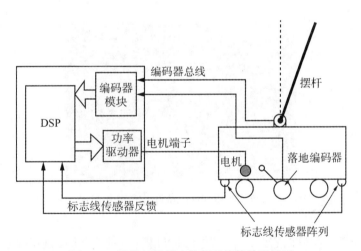

图 6-19　平衡杆机器人控制系统简单配置图

图 6-19 显示了机器人及其控制系统。注意到机器人由一个电机通过传动机构驱动一个轮子。驱动电机的能量来自驱动集成电路。摆杆角度测量和小车位移测量是两种必要的测量。摆杆角度测量是通过增量编码器来完成的，事实上，摆杆安装在增量编码器的轴上，这样一来随着摆杆的摇摆，增量编码器便可提供摇摆的角度。距离测量通过另一个安装在落地轮上的编码器来完成，只将增量编码器安装在其中的一个轮子上是没用的，由于驱动轮因强转矩将不可避免地在地板上打滑，所以位移测量将是错误的。一个更好的实

际应用是，将落地编码器安装在车身上，这样就像一个附加的自由编码器轮子和支撑面一直接触。由于重力的作用或是通过安装的弹簧使其具有足够的力作用，来保证与地面的接触。图 6-19 还显示了安装在基板底部的传感器阵列的侧视图，它们将反馈场地上的十字交叉胶带的位置。

尽管图 6-19 中展示的是把处理器、编码器和驱动器组装在一个方框里，但在实际中却是不太可能这样做的，这种设计中使用的 DSP 板是非常标准的货架产品。这里我们使用的是来自 Spectrum Digital INC. 的 Texas Instruments ezDSP 2047 主板，它有一个 32 位定点 DSP 处理器和足够大的数据和程序内存。由于一些实际原因，这样的主板通常很少带有功率驱动模块。该主板提供双通道编码器输入和许多数字及模拟 I/O(输入/输出)接口。

一些系统也许也需要附加的编码器。一些地面传感器将会识别贴在实验平台上的用于划分界限的胶带。通常通过一块配合电路板提供所有的这些支持系统，并且通常都被设计在依附于包含 DSP 处理器的主板上。一旦买了现成的主板，它的配合电路板也需要被设计和制作出来，除非可以找到一个合适的驱动器和编码器电路板。在设计机器人时的安全做法是尽可能多地避免使用带状电缆和复式连接器连接这些电路板。通常，为了有紧固的机械配合和可靠的信号流，这些电路板上都是彼此相互肩并肩地紧贴着。这些细节需要根据设计者选定的主要开发平台来确定。作者设计并用在他们早期版本机器人中使用的系统如图 6-20 所示，此图显示了传感器阵列和将摆杆固定住起支撑作用的螺纹闩杆。这样便可使摆杆在径向的平面内自由摆动。这样摆杆将只有一个自由度。

图 6-20　不带摆杆的单自由度 PBR 照片

值得注意的是，在早期的设计中一块 DSP 母板，一块驱动板是用带状电缆连接起来的，这和我们所推荐的方式是对立的。图 6-21 中展示了当摆杆装入其支撑系统和落地编码器时的情况。落地编码器确保了编码器始终和平台相接触从而减少了位移测量误差。地面 LED 传感器用于确定地面胶带的位置，它们对于同步和修正位置测量值非常重要。尽管假设我们使用的落地编码器是不打滑的，但由于高加速度，特别是当机器人改变方向时，还是会产生误差的。所使用的编码器型号为 MTLMES 20-1000P。当给正交解码器提供数据时，可以给出每转 4000 个计数的分辨率。使用的驱动集成电路是 L6203H 桥驱动，它有足够的功率容量来驱动电机。

图 6-21   落地编码器和摆杆支撑系统

6.2.7.2   机器人软件

到目前为止，我们已经了解了保持摆杆在接近竖直位置的同时移动机器人的控制方法。在开始讨论程序时序之前，必须列出我们期望机器人做哪些工作。在一些比赛当中，机器人的第一个任务是：在预设的时间段内，让机器人保持杆位平衡并在比赛场地的一个区域内保持站立，这被称为静态平衡部分。之后，期望机器人移动到场地的另一边，然后折返路线回到初始位置。机器人可多次重复此过程，每完成一次往返，被计为一圈。期望机器人在给定固定时间段内完成尽可能多的圈数。为了增加挑战性，如果平台上是一条弯曲路径，那么机器人将沿弯曲路径运动。所有的这些功能都应在没有操作员干预下实现。因此，机器人应该有始终监视时间的能力。通常情况下，时间管理是由计时器中断完成的。这些中断是在程序的开头，在处理器开始控制机器人之前的初始化阶段就被设置好的。我们之前提及过带预设增益 G 的速度级联控制器。在设计中，我们将基本中断周期设为 0.125ms。级联控制可以在常规中断服务子程序中或是主程序中实现。这样，主程序中将看不到速度控制器。我们将在主程序中每隔 9ms 改变一次被操作变量，因为这一时间间隔对于实现机器人的平滑运动和平衡已经足够短了。这是机器人采样及控制的间隔。每 9ms，处理器必须执行许多操作，包括对机器人的位置、速度、摆杆角度和摆杆角速度的数据采集，此外还有机器人为被操作变量计算反馈控制值，并输出被操作变量作为参考速度。在每一个时长为 9ms 的主采样间隔中，整个伺服控制器产生一个参考速度值。但是，在每个 0.125ms 的基本采样间隔中，级联控制器起作用以获得速度误差，实现占空比。这模仿了一个连续时间的级联控制的情况。如果级联控制不能在中断服务程序中执行，那么它甚至能在每 9ms 的主程序中被执行，且不降低性能。

图 6-22 中所示的是总流程图的第一部分。让我们总结一下在软件初始化部分所发生的事件。首先，处理器被设置了必需的管脚作为输入信号线和输出信号线，并将电机禁用，此时电机的电源是断开的。在某些情况下，驱动器的使能信号线是直接由处理器控制的，因此使用软件来禁用电机，不考虑 PWM 的值。其次，计时器中断被设置为每 0.125ms 就产生一个中断，这个值是根据经验决定的。ezDSP2047 是有多个计时器的复杂处理器，其中的一些计时器专为 PWM 所用，还有一些专为编码器读入服务等。我们发现

0.125ms 是合适的，这是因为用同一个计时器可产生中断以及生成 PWM 信号。无论如何，要有一条指令可以使 PWM 是无作用的，PWM 的无作用状态取决于我们选择哪种连接方式(图 6-5)；然后还必须将参考速度 V_R 设定为 0。在中断服务程序内，需要保持这些基本间隔的计数(intcount)，这里我们将它们设为 0。最后，在完成初始化设定之后，我们开启中断，这时机器人操作人员将把机器人放置在起始位置，并将摆杆扶持到竖直位置，此时机器人电源开关仍未接通。

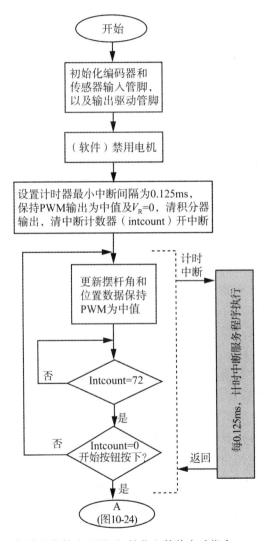

图 6-22　第一部分的软件流程图(初始化和等待启动指令)

一旦机器人被通电启动，程序将进入初始化。此时处理器读入摆杆角度和位置编码器的所有 I/O 数据，同时将 PWM 设为不起作用状态。在这一部分中，计数器中断持续不断地出现，并递增"Intcount"。这里将等待计时器计数至 72，因为 72×0.125ms＝9ms，即我们设置的控制间隔。

当 Intcount = 72 出现时，处理器检查"开始"按钮是否被按下。如果"开始"按钮没有被按下，处理器在将"Intcount"置零后，重复这一"无意义"的循环；如果"开始"按钮已被按下，这就表示电机已经通电，机器人将开始第一个静态平衡部分。在继续深入之前，让我们看看在中断服务程序中发生了什么。这个中断服务程序递增中断计数器，并实现级联控制器使机器人按照控制器的参考速度输入运动。尽管参考速度每 9ms 改变一次，但可能需要以更高的频率控制电机，我们针对这一问题提供了两种设计方案，如图 6-23 所示。

在方案 1 中，处理器只进行中断计数并返回，这虽然是一个繁琐的操作，但为了监视时间变化，它还是需要的。归根结底，在 0.125ms 内不能完成整个数据处理工作。因为系统将由一个计时器同时处理中断和 PWM，所以中断间隔必须很短，再加上进入和离开中断服务程序的附加开销，所有的操作不可能有时间完成。如果处理器足够快，一些功能可以放到中断服务程序内完成，如电机的级联控制，这在方案 2 中有说明。在一些早期模型中，我们使用方案 2，但在后面将要描述的一些复杂情况中，我们使用方案 1。这样可以得到：在方案 1 中，电机的级联控制必须在主循环中被执行，而在方案 2 中这部分可以从主循环中分离出来。

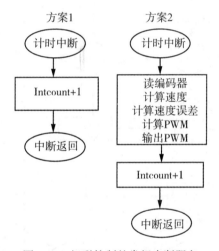

图 6-23 级联控制的常规中断服务

现在开始下一部分的讨论，由于机器人有一些不同的功能，因此我们可以任意地将它们划分为各个阶段。为了方便，我们引入一个"Stage"变量。Stage = 1 代表机器人正在进行静态平衡保持，在规定的时间段内，摆杆需保持在竖直位置，同时小车将稳定在规定的第一个边界区内。在这段时间内，机器人不应越过起始界限，然后机器人必须通过适度的移动基座来保持摆杆稳定，并监视时间来找到何时切换到阶段 2 来开始移动。Stage = 2 表示机器人将移动到平台上第二条边界外的另一端。Stage = 3 代表了机器人返回并到达起始区域。最后 Stage = 4 指的是在指定的时间内，机器人尽可能多地完成阶段 2 和阶段 3 并保持静态平衡。

在图 6-22 中，我们在 A 处终止了流程图，在图 6-24 中将继续。在从 A 开始进入程序时，我们将"Stage"变量设为 1，并引入变量"LoopCnt"并将其设为 0，然后进入循环。引入变量 LoopCnt 的目的是来跟踪时间。软件接下来的部分控制机器人完成各个阶段，其间"Stage"的值随机器人执行的进展而改变。

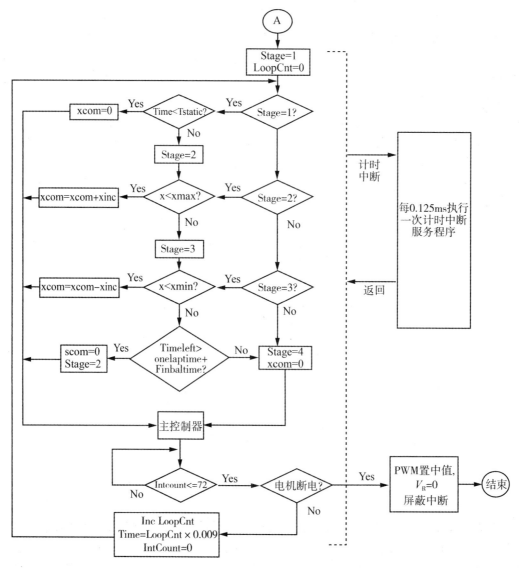

图 6-24　平衡杆机器人的主流程图

图 6-24 中的"主控制器"（Master Controller）框的细节如图 6-25 所示。阶段管理和运动控制的过程是在从"A"直到"主控制器"框这一整个部分中进行的。在这部分，计时器中断是有效的，中断每 0.125ms 发生一次，且 Intcount 在中断服务程序中是递增的。在主回路中，当完成主控制器的工作后，处理器等待 Intcount 计数至 72，相当于 9ms，然后执行一次主循环。这样保证了主要的控制间隔为严格的 9ms，并且这也是 DDC 的基本要求。

在 9ms 过去之后，如果电机仍为运行状态，那么"LoopCnt"的值将被增加，同时计算总耗时。这里，为了下一个循环，Intcount 也被置为零，处理器循环回到顶端。

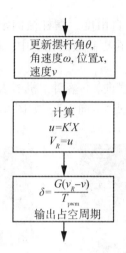

图 6-25 图 6-24 中的主控制器结构

　　下面将研究各个阶段是如何管理的。变量"xcom"被引入作为位置指令。在 Stage = 1 时，处理器循环位于静态平衡阶段，同时跟踪时间，此时 xcom = 0，机器人不会移动。当时间超过(给定的静态时间)Tstatic 时，"Stage"被设为 2。在此之后，xcom 以"xlnc"的步长缓慢增加；然后处理器将持续执行流程图(图 6-24)中水平方向上的第二行部分，直到 x 大于 xmax；这意味着机器人到达了场地的位置上边界。此时，"Stage"被设为 3，然后 xcom 以 xlnc 的步长缓慢递减；处理器将持续执行流程图(图 6-24)中水平方向上的第三行部分，直到 x 低于 xmln 值；这意味着机器人到达了场地的位置下界，即初始位置。如果 x ≤xmln 出现时，软件将检测此时是否还有足够的时间再做一次往返(Timeleft>One lap time +Finbaltime?)。如果答案是有足够的时间，那么"Stage"被设为 2，一次前行将被执行，紧接着"Stage"被设为 3 返回将被执行一次。这个循环将一直持续到没有足够的时间来完成一次往返并最终平衡。显然，程序员应该对机器人用多长时间完成一次往返运动有很好的了解。

　　当没有足够时间完成一圈运动时，"Stage"被设为 4。这使得机器人在 xcom 被置为零命令下，在初始位置保持摆杆平衡。当操作者将电机使能断开时，PWM 将设为不起作用状态，且中断被屏蔽。这标志着运行过程的结束。到此，我们讨论了细节的机器人已被成功地应用和测试。展示这个机器人工作的一段视频可以在(PBR-Single Degree, 2012)中看到。在这个视频中，PBR 在一个平坦的微微倾斜的场地上运动。需要说明的是当场地地面倾斜时，摆杆角度计算将被修正，以求出摆杆与竖直方向的实际偏差。因为我们使用的是速度级联控制器，所以这一轻微的倾斜角度(5.7°)并不会影响性能。

6.2.8　2 自由度平衡杆机器人

之前所讨论的机器人只有一个自由度，摆杆被固定在具有两端有轴承支撑的水平轴上，因此可向前或向后自由运动。在更高级的比赛中，规定了摆杆需要有两个自由度。图6-26(a)中显示了一种支撑机构。

当摆杆可从前后(径向)左右(横向)下落时，机器人基座应可以沿 X 轴方向和 Y 轴方向运动。换言之，机器人运动将需要"全向轮"，如图 6-26(b)所示。

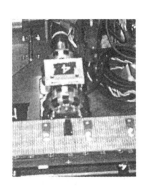

（a）2自由度摆杆支撑结构　　　（b）一种典型的全向轮结构

图 6-26

如果分析并写出控制器的状态方程，我们将得到一个两倍维数的状态方程，这从数学方法上难以控制。如果假设 X 方向和 Y 方向的动力学是解耦的，那么就可以分别处理它们。这种情况将在下面进行介绍，其中 A_{ij} 是系统矩阵，B_{ij} 是控制矩阵，u_x 和 u_y 分别是 x 和 y 被操作变量。

$$\begin{bmatrix} \dot{X} \\ \dot{Y} \end{bmatrix} = \begin{bmatrix} A_{11} & A_{12} \\ A_{21} & A_{22} \end{bmatrix} \begin{bmatrix} X \\ Y \end{bmatrix} + \begin{bmatrix} B_{11} & B_{12} \\ B_{21} & B_{22} \end{bmatrix} \begin{bmatrix} u_x \\ u_y \end{bmatrix} \tag{6-38}$$

假设 A 阵和 B 阵中的非对角线上的元素是稀疏的或为 0 的，并将它们分离为

$$\dot{X} = A_{11}X + B_{11}u_x$$

$$\dot{Y} = A_{22}Y + B_{22}u_y \tag{6-39}$$

然后，两个控制器就可以相互独立地实现。2 自由度的 PBR 如图 6-27 所示。它的视频可以在 PBR-Two Degree(2012)中看到。

6.2.9　通过实验估计 PBR 的角摩擦系数 b

我们在方程式(6-17)中使用了摆杆支撑系统的角摩擦系数 b，在式(6-18)中使用了机

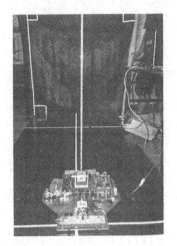

图 6-27 2 自由度平衡杆机器人

器人摩擦系数 B_r。随后，这些常量的假设值在很多运算中都被用到，例如在图 6-9 和图 6-11 给出的 MATLAB 程序中。在本节中，我们将介绍估计角摩擦系数 b 的步骤。摆杆支撑系统的角摩擦可以通过一个简单的实验估计获得，并将它当成一个常规的摆来处理。大多数的单摆分析中都不考虑摩擦因素。为了获得合理的控制精度，我们至少需要对摩擦系数的幅值的数量级有一个概念。在机器人竞赛中，关于 b 的极限值会直接或间接地确定。

首先根据图 6-28 着手进行建模和分析，我们重申我们的假设：摆由一个不计质量、长度为 l 的刚性摆杆和连接在摆杆顶端的质量块 m 所组成。摩擦系数 b 的单位为 N·m/（rad·s）。

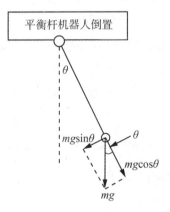

图 6-28 单摆实验—倒置后的平衡杆机器人

那么，摩擦力矩为

$$T_f = b \frac{\mathrm{d}\theta}{\mathrm{d}t} \tag{6-40}$$

如果由于摩擦而作用在质量块上的力为 F_f，则 $lF_f = t_f = b(\mathrm{d}\theta/\mathrm{d}t)$，显然

$$F_f = \frac{b}{l}\frac{\mathrm{d}\theta}{\mathrm{d}t} \tag{6-41}$$

因此，力平衡方程可写作 $ml\dfrac{\mathrm{d}^2\theta}{\mathrm{d}t^2} + \dfrac{b}{l}\dfrac{\mathrm{d}\theta}{\mathrm{d}t} = -mg\sin\theta$ $\tag{6-42}$

由于 $\theta \approx \sin\theta$

$$ml\frac{\mathrm{d}^2\theta}{\mathrm{d}t^2} + \frac{b}{l}\frac{\mathrm{d}\theta}{\mathrm{d}t} + mg\theta = 0 \tag{6-43}$$

取拉普拉斯变换得

$$ml\left[s^2\theta(s) - s\theta(0^-)\right] + \frac{b}{l}\left[s\theta(s) - \theta(0^-)\right] + mg\theta(s) = 0$$

$$\left[mls^2 + \frac{b}{l}s + mg\right]\theta(s) = \left[mls + \frac{b}{l}\right]\theta(0^-) + ml\frac{\mathrm{d}\theta}{\mathrm{d}t}(0^-) \tag{6-44}$$

假设：$\theta(0^-) = \theta_m$ 和 $\dfrac{\mathrm{d}\theta}{\mathrm{d}t}(0^-) = 0$。我们的分析从角 θm 处将摆释放时刻开始。

$$\theta(s) = \frac{mls + (b/l)}{mls^2 + (b/l)s + mg}\theta_m$$

$$\theta(s) = \frac{s + (b/ml^2)}{s^2 + (b/ml^2)s + (g/l)}\theta_m \tag{6-45}$$

方程式(6-45)的标准解法可在控制的参考文献中找到。这里我们从基础导出时域解。为了进行数学处理，我们整理式(6-45)，得到

$$\theta(s) = \left\{\frac{s + (b/2ml^2)}{(s + (b/2ml^2))^2 + \left[\sqrt{(g/l) - (b^2/4m^2l^4)}\right]^2}\right.$$

$$\left. + \frac{(b/2ml^2)}{(s + (b/2ml^2))^2 + (\sqrt{(g/l) - [b^2/4m^2l^4]})^2}\right\}\theta_m \tag{6-46}$$

定义：$a = \dfrac{b}{2ml^2}$；$\omega_n = \sqrt{\dfrac{g}{l}}$；$\omega = \sqrt{\dfrac{g}{l} - \dfrac{b^2}{4m^2l^4}}$. $\tag{6-47}$

然后取拉普拉斯反变换得

$$\theta(t) = \left(\mathrm{e}^{-at}\cos\omega t + \frac{a}{\omega}\mathrm{e}^{-at}\sin\omega t\right)\theta_m \tag{6-48}$$

现在，定义一个角度 φ，如图 6-29 所示。

那么，解可以被重写为

$$\theta(t) = \theta_m\frac{\omega_n}{\omega}e^{-at}\sin(\omega t + \varphi) \tag{6-49}$$

$a = \dfrac{b}{2ml^2}$ 是震荡的衰减因子。它正好是在式(6-45)中分母多项式中 s 项系数的一半。

在控制理论中，这是一个标准结果。显然，在 $t = 0$ 时有

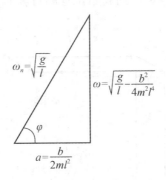

图 6-29　角度的定义

$$\theta(t) = \theta(0) = \theta_m$$

现在，让我们来分析式(6-49)。忽略实际的波动形式，我们将幅值记为 $A(t)$，写为

$$A(t) = \theta_m \frac{\omega_n}{\omega} e^{-at} \tag{6-50}$$

可以明显地看到正弦波的包络以指数形式的规律在减小。在 $t = t_1$ 时，包络的幅值为 A_1，在 $t = t_2$ 时，包迹的幅值为 A_2，那么

$$\frac{A_1}{A_2} = \frac{\theta_m \dfrac{\omega_n}{\omega} e^{-at_1}}{\theta_m \dfrac{\omega_n}{\omega} e^{-at_2}} = e^{-a(t_1-t_2)} = e^{a(t_2-t_1)} \tag{6-51}$$

$$a = \frac{1}{(t_2 - t_1)} \ln \frac{A_1}{A_2} \tag{6-52}$$

$$b = 2ml^2 a = \frac{2ml^2}{(t_2 - t_1)} \ln \frac{A_1}{A_2} \tag{6-53}$$

6.3　爬壁机器人

爬壁机器人(WCR)在现实世界中非常有用，WCR 竞赛对这一领域的技术发展起到了促进作用。尽管让机器人爬上一个结构固定的墙面较为容易，但如果涉及的墙面具有不确定结构，那将是非常困难的。此外这项赛事最近的趋势是限定粘着方式，在一些比赛中墙面是由无磁性材料制成的，即使是在结构化环境中，无磁性粘着也会造成问题。在本节中，我们将介绍两种制作 WCR 的原理。在做这些介绍之前，让我们先看一个用于这里关心的爬墙比赛的模型结构。图 6-30 显示的是一个用无磁性材料制成的爬壁机器人比赛场地示意图。机器人必须被放置在起始位置，它将朝向墙运动，爬上墙，然后在天花板下面移动并越过终点线；然后沿原路返回至出发点。在整个过程中，机器人的一部分应始终与比赛平台接触(也就是说飞行或其他方式将是不被允许的)。机器人应通过粘着在平台表

面上攀爬和移动。从开始到终点再回到起始位置的行驶时间将记录下来，用时最短者将获胜。

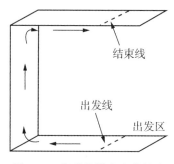

图 6-30　爬壁机器人比赛场地

6.3.1　蹼式爬壁机器人

图 6-31 所展示的是蹼式爬壁机器人，它有两个主驱动电机和一个巡游用电机。这一蹼式爬壁机器人在制作、编程、操作上都更加简单。它包含了两个主手臂，这两个主手臂用两个驱动电机驱动，可旋转超过 180°。这个机器人有四个轮子，装在两个车轴上，两个车轴在连接机器人两个臂的支架的同一边，一个在前一个在后。支架是结构主体，主板和驱动板被安装在了支架上。如图 6-31 所示，机器人有可通过抽气泵和阀门组成的吸盘系统。这些吸盘提供了攀爬所需的抓力。根据设计的不同，可能会有 2 个、4 个，甚至 6 个吸盘。机器人通过限位开关来指示机器人运动限制，同时也标志着特定步伐的完成。气动系统的线路图如图 6-32 所示。

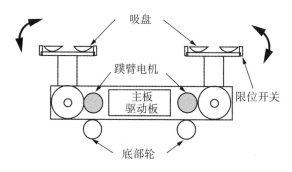

图 6-31　蹼式爬壁机器人示意图

如图 6-32 所示的这个机器人采用了典型的、最简单的气动线路图。吸盘组图被命名为组 A 和组 B；气动阀门 A 和 B 分别连接到对应的吸盘组，这些阀门是电驱动的，如果转到"ON"，它们将直接连通入口和出口(顶端和底部)，在图中为 m 到 q 和 n 到 p；如果转换到"OFF"，它们将交叉连通，即 m 到 p 和 n 到 q。"ON"和"OFF"的条件根据制造商的不同而不同。现有的抽气泵通常为隔板式，有一个进气口和一个出气口；当抽气泵工作时，它们通过入口吸入空气并通过出口送出空气。图 6-32 中的连接是在抽气泵一直工作的前提下画出的。从线路图中可以看到，当阀门 A 开启时，它是直通连接的而阀门 B 是交叉连接的；同时注意到在两个阀门上标示 P 的点是严密封闭的。显然，抽吸施加到了吸盘组 A，因为阀门 B 中的路径 $m—p$ 是封闭的。从泵中排出的气体有两条途径，但是由于阀门 A 的 $n—p$ 路径是封闭的，因此气体排出只能通过阀门 B 的 $n—q$ 路径，从 B 组吸盘排出。所以当 A 组吸盘起作用时，气体将从 B 组吸盘排出。如果开关换向，B 组吸盘吸住，而 A 组吸盘将从墙面脱离。

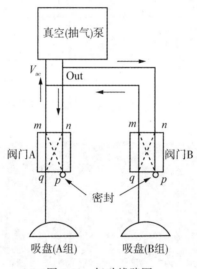

图 6-32　气动线路图

6.3.1.1　蹼式爬壁机器人全系统配置

蹼式爬壁机器人有 3 个电机、传感器、真空泵和气动阀门，我们将给出一个简化了的系统示意图，如图 6-33 所示。

图 6-33 简洁明了，我们可以看到 3 个电机可以通过编码器反馈来控制；抽气泵可以开启或关闭；阀门是独立控制的，以产生真空吸力使吸盘贴在表面或者从表面分离；吸盘传感器提供每一个吸盘贴合到墙面的信息。整个机器人的照片如图 6-34 所示。

6.3.1.2　吸盘臂和巡游电机的控制

在图 6-34 中，通过蹼臂电机使吸盘组 A 和 B 旋转。两个关节处都安装了编码器。在攀爬的大多数阶段，一般地，电机控制器实现速度控制，来旋转相应吸盘组的关节，吸附于墙壁，直到传感器指示了另一组吸盘与墙壁或是天花板接触。当传感器给出指示时，控制器转入位置控制模式，吸盘臂在下一个运动前将短暂地保持在给定位置上。那么，根据保持位置或以给定的角速度转动吸盘臂的需要，软件执行位置控制或者速度控制，使用简

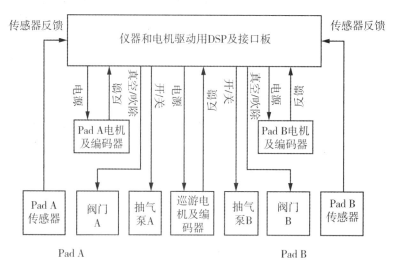

图 6-33　蹼式爬壁机器人系统配置

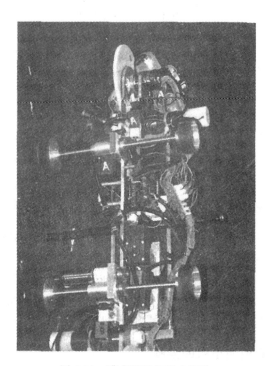

图 6-34　蹼式爬壁机器人照片

单的 P 控制器。软件产生一个合适的参考速度或是参考位置来控制电机。对于巡游电机，只用速度控制。

机器人中有 3 个电机，2 个用于吸盘臂关节，1 个用于巡游轮。每一个电机的控制器如图 6-35 所示。

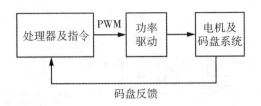

图 6-35　吸盘臂和巡航电机的控制系统

处理器既可作为位置控制器也可作为速度控制器。在位置控制情况下，一个简单的比例控制由式(6-54)计算。

$$u(k) = K_{p_1} \times (\theta_r - \theta) \qquad (6\text{-}54)$$

式中，K_{p_1} 为位置控制的比例增益；θ_r 是由程序生成的参考位置；θ 是从编码器获得的位置。在速度控制情况，比例控制器由下式计算。

$$u(k) = K_{p_2} \times (\omega_r - \omega) \qquad (6\text{-}55)$$

式中，K_{p_2} 是速度控制的比例增益；ω_r 是由程序生成的参考角速度；ω 是基于两个连续的编码器读数计算出的角速度。位置控制和速度控制的线路没有差别。

6.3.1.3　蹼式爬壁机器人的操作时序

下面通过图 6-36 给出的简图来说明机器人的操作时序。机器人工作的各个阶段用带圆圈的数字标示。在开始的时候，机器人被放置于基座上，这样它安置在与主体相连的四个轮子上；手臂 A 被转向水平，以使 A 组吸盘的衬垫是竖直的，如图 6-36 中的阶段①所示。然后，动力被施加到固定在当前框架底部的巡游轮上，使机器人朝墙的方向驶去；这一过程继续下去，直到吸盘板 A 的限位开关检测到竖直墙壁，如图 6-36 中阶段②所示。这时，阀门 A 是直接连通的，气泵也是启动的，这就使 A 组吸盘贴到墙壁上。一旦吸盘贴合到墙面上，机器臂 A 的电机被激活，驱动整个机器人本体做逆时针旋转运动，以便 B 组吸盘可以触碰到墙壁，如图 6-36 中的阶段③所示。接下来，阀门 A 将交叉连通，阀门 B 将直接连通；这引起 B 组吸盘抓住墙壁，A 组吸盘失去抓力，准备好被清除和弯曲着从墙上离开。现在关节 B 被激活，机器人本体再次做逆时针运动，同时关节 A 也将旋转，使 A 组吸盘在靠近墙时准备好朝向墙面，如图 6-36 中阶段④所示。阶段⑤结束时，一个完整的攀爬翻转过程就完成了。这个过程将一直持续，直到向上行进的手臂因天花板的阻挡而不能碰到竖直墙壁为止。这表明机器人已经到达阶段⑥。经过多少步后将会出现这一情况，必须被提前计算出来或通过实验找出来。

在阶段⑥中，两个关节头都是激活状态的，它们都在运动。这里我们不在图中画出巡游轮，因为它们可能在机器人本体的任意一侧。关节没有被命名，这里称它们为上关节和下关节。为使靠上的吸盘的外侧可以先触及天花板，机器人的速度必须经过仔细规划。在检测到触及天花板之后，上关节放松，下关节进一步推动；这导致上面的吸盘衬垫倾斜，直到吸盘完全接触到天花板，触发所有传感器。这里可能需要引入一个合适的时间延时。现在吸力被切换到前吸盘上了，后吸盘将失去抓力。再一次地，上关节被维持并做逆时针

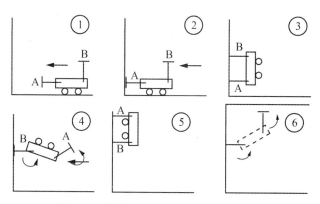

图 6-36　蹼式爬壁机器人的攀爬行动阶段

旋转，在下面的臂翻转，以做好接触天花板的准备。接下来的运动就是持续这一过程，直到越过终点线。所需步数一般是提前计算好的。回程是相似的，除了在返回的路上，需要完成从天花板到墙壁的搜索。在向下运动的末端，情况将看起来像图 6-37 所示的阶段 i。这时下关节为 A，并且吸盘组 A 将抓在墙上；上关节为 B 并且吸盘组 B 上的吸盘将被清除。为了一次成功地返回巡游，必定是这样的情形。这一切是通过实验和反复调试来保证的。机器人主体长度被调整以使在阶段 i，关节 A 在底部。另外，通过观察阶段 j 的运动可以看到当关节 A 放松使得巡航轮再次接触地板的这一过程。为了平稳地落地，间隙应是刚好够而不是太大。在着陆后，阀门 A 将清除 A 组吸盘。现在巡游轮被施加动力，将驱使机器人回到起始点。蹼式爬壁机器人的视频可在 WCR - Flipper Type（2012）中看到。这一视频也会使我们更好地理解涉及的程序编制。

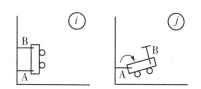

图 6-37　返回路线上从墙壁到地板的转换过程

6.3.2　使用动态吸力的爬壁机器人设计

这里所讨论的机器人，使用伯努利方程来实现与上节中我们为 WCR 讨论的同样目标。因此称它为"伯努利 WCR"。图 6-38 中给出了一个这样的机器人的示意图。

图 6-38（a）显示了这个机器人的简图。它显示了一个有 2 个开口的盒子：一个在上部，一个在正面，各有一个圆锥状的结构延伸进内部。两个结构上都装有由无刷直流电机驱动的高功率风扇。在机器人正面的底部和顶部，我们装有驱动轮来驱动机器人沿水平方向前进和爬上正面的墙壁。在水平方向上，底部的轮子就可以完成工作；但在向上攀爬过

程中，两个轮子都被激活。当在天花板下侧移动时，仅顶部的一个驱动轮就够了，且是有效的。在机器人的前部和上部，我们还有 4 个小脚轮来保持机器人与竖直的墙面以及天花板都分别有一个精心选择的间距。这个间距是通过实验得到的。放置驱动轮来保持同样的间距。两个驱动轮都可以单独或同时驱动。安装编码器来测量所走过的距离。前向和上面都装有限位开关。系统配置如图 6-39 所示。

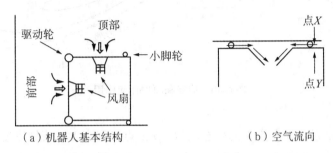

（a）机器人基本结构　　　　　　　　（b）空气流向

图 6-38　使用动态吸力的 WCR 示意图

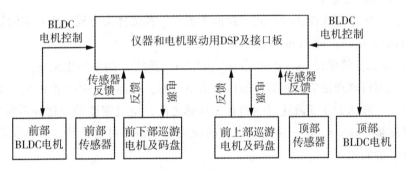

图 6-39　使用伯努利原理的 WCR 的系统配置

6.3.2.1　功态吸力原理

首先介绍动态吸力原理。为了这一目的，在着手了解动态吸盘概念以及应用到 WCR 之前，我们必须先学习一些原理。

著名的伯努利原理指出：在稳定的场环境中，增加流体的速度将造成压力的减小，反之亦然。图 6-40（a）流体流经管道中的缩颈的情况、图 6-40（b）中机翼的流场情况都说明了这个原理。这些是我们在开发设计 WCR 中所利用的基本原理。

可以很容易地通过一个简单的实验来演示。当薄片或薄板的一侧空气流动快，而另一侧空气几乎是静止的，将会发生什么。你将看到薄片经受一个力，这个力将它推向空气流速快的一侧（Air-flow，2013）。

伯努利为不可压缩流体推导得出的原始方程由下式给出（Rajput，2011）：

$$\frac{p_y}{\rho} + z_y + \frac{v_y^2}{2g} = \frac{p_x}{\rho} + z_x + \frac{v_x^2}{2g} \tag{6-56}$$

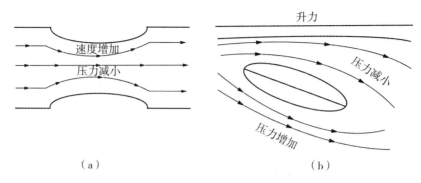

（a）　　　　　　　　　　　　　　　　（b）

图 6-40　伯努利原理在起作用

式中，p_x 和 p_y 分别是点 X 和点 Y 的静态压力；ρ 是点 X 和点 Y 的流体密度。由于流体是不可压缩的，因此两点的密度是一样的。z_x 和 z_y 是相对于任一参考点的高度，v_x 和 v_y 分别是点 X 和点 Y 处气流的速度。

伯努利方程可以写成很多种形式。我们考虑了一种流体头方程中所有项的量纲为米的形式。例如 py/ρ 是 $(kg/m^2)(m^3/kg) = m$。

类似地，$v_y^2/2g$ 的单位 $(m^2/s^2)(S^2/m)$ 也是 m。显然 z_y 的单位也是 m。

当我们试图将该理论应用到容易被压缩的空气时，会面临一些可能由密度变化造成的偏差。然而，一般认为在气流速度达到 0.3 马赫之前，空气密度的变化并不明显。0.3 马赫转换过来就是 100m/s，这一速度在我们的应用中几乎不可能达到，所以我们可以放心地认为密度不会变化。

现在回到我们的应用问题上来，图 6-38(b) 显示了机器人顶部和天花板之间的气流形状。我们标记了两个点 X 和 Y，然后对这两个点应用伯努利方程得到

$$p_y + \rho z_y + \rho \frac{v_y^2}{2g} = p_x + \rho z_x + \rho \frac{v_x^2}{2g} \tag{6-57}$$

式中，p_x 和 p_y 分别是点 X 和点 Y 的静态压力。改写式（6-57）为

$$p_y + p_x = (+\rho z_x - \rho z_y) + \rho \left(\frac{v_x^2}{2g} - \frac{v_y^2}{2g} \right) \tag{6-58}$$

注意 $v_x \gg v_y$ 且事实上 $v_y = 0$。此外，我们知道 $z_x \approx z_y$。因此我们可以得出式（6-56）中右侧的第二项占主导地位，而且是一个很大的正数，而第一项是无关紧要的。这表明从点 X 到点 Y 的压力有很大的不同。这就朝上推着机器人，并保持吸附在天花板上。脚轮用于保持合适的间隙。当前面的风扇在靠近前面的墙附近被激活的时候，同样的现象也适用于前面板。图 6-41 就是这样的机器人。

6.3.2.2　应用伯努利原理的爬壁机器人的操作

机器人的操作是相当明了的。①前向巡游电机激活。机器人从比赛的基座位置向前运

图 6-41 应用伯努利原理的 WCR 的照片

动，直到前传感器指示机器人正在推墙。这时，前置空气涵道风扇马达激活，使得前面板紧贴在墙壁上。②两个驱动电机同时被控制，以使机器人向上移动。当顶部传感器指出机器人正在推天花板时，顶部空气涵道风扇激活，使得机器人和天花板紧贴，同时停止前置空气涵道风扇工作。机器人在天花板下面移动，直到越过目标线。③顶部的巡游电机反向作用。相似的步骤将用于返回路线。这种特殊的机器人在比赛中的操作，可在 WCR Using Bernoulli´s Principe(2013)中看到。

6.4 扫地机器人

扫地机器人的原理：利用机器人前面的 4 个红外线传感模块进行避障，程序运行方式有单边寻边方式、随机避障方式、正方形沿边扩大方式和三角波形方式。扫地电动机有断续工作和连续工作两种方式。

当机器人电源电压不足时，在单边寻边避障方式基础上开启寻迹(机器人底部的三个寻迹传感器)寻找墙边的充电位置，充电位置是一条 30cm 的黑线来引导机器人与充电器对接，充电器触点是磁助力触点，当机器人接近充电器时，利用磁力防止小位置的偏离，使触点良好接触。

避悬崖也是利用三个寻迹传感器完成的：在同一时间内三个寻迹传感器没有反馈，表示悬空，使机器人后退 5cm，旋转 180°，做掉头行驶。

扫地机器人主要考虑机器人的寿命问题，驱动主轴采用步进电动机，用单片机 P2 驱动 ULN2003 驱动步进电动机，步进电动机电源用 DC-DC 模块来调节所需的驱动电流和主轴的力度。

扫地减速电动机可以在网上购买，只是电动机的寿命太短，于是拆了 VCD 的旧机芯，利用光驱的主轴电动机和减速机搭配，以增加电动机寿命。

锂电池电源分为三路：两路经 DC-DC 驱动步进电动机、单片机；一路驱动吸尘风机。

机器人上有三个按键：菜单键、增加键和清扫键。液晶屏采用 5110 屏，小巧、省电。DS1302 实时时钟设定三组开关机时间，实现自动化。单按清扫键，只运行 30 min(只是程序这样写而已)，具有低电压检测、充电检测和充电结束检测功能，全面采用 TL431 精确检测。电池是 4000 mAh 的锂电池，正常工作电流为 1500 mA，外壳是云台监控器罩，经过两周的测试，使用效果良好，噪声低、寿命长。

扫地机器人的制作过程组图如图 6-42 所示，装配图如图 6-43 所示。

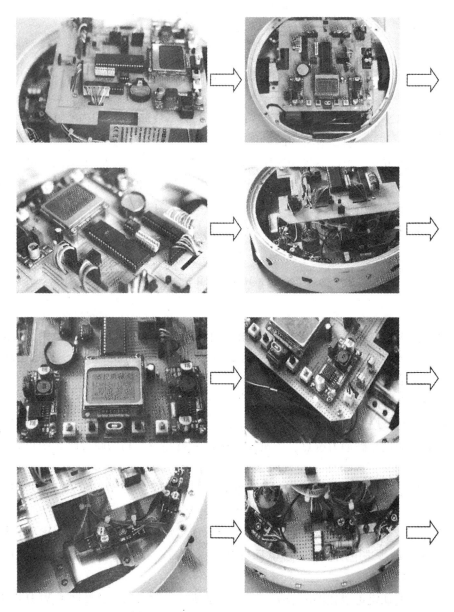

图 6-42　扫地机器人的制作过程组图

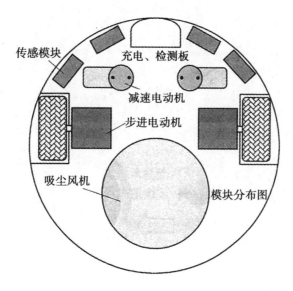

图 6-43 扫地机器人装配图